シンプルで合理的な意思決定をするために
「ファインナンス」から考える！超入門

打造財務腦

量化思考超入門

不靠經驗判斷，精實決策，開創未來

梅澤真由美
著

張嘉芬
譯

前言

各位好，我是日本的認證會計師梅澤眞由美。

這本書的書名是《打造財務腦．量化思考超入門》。

不知道各位在選擇翻開這本書之前，心裡懷抱著什麼樣的想像？

如果您是財務方面的專家，為了想更深入了解財務工作而翻閱這本書，那麼我必須很遺憾地告訴您：本書無法符合您的期待。

本書是為了協助非財務專業的上班族培養財務思維，進而運用在工作或人生等各方面的決策上而撰寫，並不是用來深入學習財務專業知識的參考書。

一提到「財務」（finance），很多人腦中浮現的，應該是「企業財務」（corporate finance）。實際上，各家實體書店裡，也的確陳列著許多「企業財務」方面的相關書籍。這些書籍探討的是資金調度、企業價值等主題；訴求的對象，是那些擔任經營主管，或隸屬於行政部門的讀者。企業財務的確是財務當中的一個子領域，但在日本，這個子領域比財務本身更受矚目。

然而，在國外或日本的外商公司，廣義的「財務」知識對一般上班族而言已是家常便飯，各部門都會把它當作決策評估的工具。在企業裡提報專案時，不論是哪個部門，都要借重財務部門的協助，將專案內容先化爲具體的試算金額，再呈報給部門主管或經營高層，以便讓公司做出決策——這已經成爲一套既定的流程了。

誠如各位所見，財務思維既簡單又運用廣泛，企業中的業務、企畫、行銷、行政部門和研發團隊等，每種職務的人都能妥善運用，是一套能幫助我們開創美好未來的決策工具。

舉例來說，財務思維可以幫助我們：

判斷部屬的提案是否可行。

思考新事業，或決定是否進行設備投資。

任用新進人員。

決定與客戶之間的交易條件。

在各種情況下皆能派上用場。

當然，在個人生活上，財務思維也能幫助我們迅速地做出更妥善的決定。

若把「老年生活資金缺口達兩千萬日圓」①**的問題，套用在我們自己身上，會是什麼光景？**

要買房還是租屋？

該投保哪些保險？

在思考以上的問題時，財務思維都很管用。

所謂的「從財務角度思考」，是**把各項方案在日後會產生的所有影響，全都換算成金額，再比較所有可能的方案，以便從中選出最優者的一種**

思考方式。

我們每天於公於私都要花錢，食衣住行都和錢脫離不了關係。對你我而言，「金錢」是最貼近生活的一種量尺。只要把一切都換算成金額來思考，就是在運用所謂的「財務思維」，更容易認清事物的眞實樣貌。

我跟各位分享一個親身例子。

幾年前，我休完育嬰假，準備重回職場之際，選擇舉家搬到了東京的市中心居住。

既然要在市中心租屋而居，房租勢必會比以往高出一截，家人非常憂心，一再向我確認是否負擔得起。

不過，我一點都不擔心——因爲在試算過整體成本之後，我很確定住在市中心反而更划算。

我生了一對雙胞胎。搬家之後，新家所在地的這一區，托兒所費用有減免措施，所以我只需要負擔一個孩子的托育費。這一點和我原本居住的地區很不一樣。說穿了，我早就知道省下來的托育費，足以支應多出來的房租，而且搬到這一區，孩子順利搶到托兒所缺額②的機率也高出許多。

要是孩子進不了托兒所，我重回職場能賺到的收入就會歸零。我先前住的那一區，區公所的承辦人員曾明白表示：「在我們這一區，雙胞胎要進同一家托兒所的機會，可說是微乎其微。」這番話也推了我一把。如果我家這兩個不滿週歲的孩子無法進入同一家托兒所，接送時間就會拉長，而我必須向公司申請縮短工時，收入將會大受影響。

就這樣，縱然有兩個不滿週歲的孩子要照顧，但爲了自己和全家人的未來，我還是硬著頭皮，做出了「搬家」這個重大決定。

「用『彼此獨立，全無遺漏』，也就是MECE（Mutually Exclusive, Collectively Exhaustive）的原則來思考。」這句話被視爲邏輯思考的精髓。財務思維也一樣，要從金錢的觀點切入，「彼此獨立，全無遺漏」地評估，進而做出決策。

我的「搬家問題」，其實就是不重複、不遺漏地蒐集相關資訊，再用「金錢」這個量尺來權衡整個問題，最後從財務角度思考並做出決定的過程。

雖然我是認證會計師，但不論是自家公司的事業經營決策，或是個人生活的大小事，在日常生活遇到各種狀況，我最常使用的決策工具就是財務思維，而不是我的會計專業。

我曾經在企業任職多年，長期從經營企畫的角度，協助經營高層做決策。如今我是個職業婦女，在有限的時間當中，還能兼顧公司和會計師事務所的經營，仰賴的就是「財務思維」。

請各位千萬別誤會，我並不認為會計知識全然無用，只是用途和財務思維不同罷了。

會計是溝通工具，財務是決策工具。

正因為我對會計知之甚詳，才能說得如此斬釘截鐵。

會計是用來向他人報告，
也就是「為別人好」的工具；
財務則是要讓自己的生活、工作更盡善盡美，
也就是「為自己好」的工具。

會計能正確地呈現「過去的事」；而財務則是會告訴我們「未來的每個選項」能帶來什麼價值。根據財務觀點所提供的資訊來做判斷，會比憑感覺、靠經驗，甚至是參考別家公司的案例更省時，成功機率也更高。

換言之，財務在「運用方便」和「性價比」方面的表現，都相當出色。

在本書裡，我會先讓各位了解會計和財務的差異何在。而在步驟一到四當中，則是整理出了四道程序，並依序說明「何謂財務思維」。

請各位參考P.10的上圖。在運用財務思維進行決策時，一定會經過「揪出成本」→「掌握時間差」→「比較」的步驟。而「拆解」則是在決策後到實際採取

本書說明流程

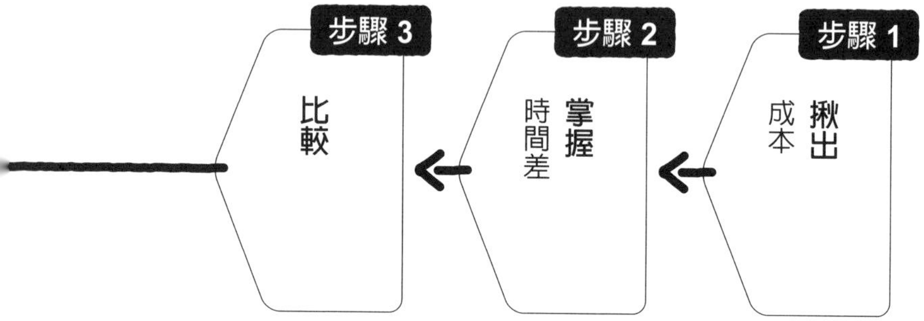

行動之際，最不可或缺的觀點。

首先，我們要正確地估算「成本」。不論是何種案件的決策，都要以此爲基礎。

接著要掌握時間差，並以數字呈現。

然後比較各方案之間的差異，以便做出更精準的決策。

再透過步驟四的「拆解」，讓我們的決策內容得以順利落實。

這一套流程，和坊間財務書籍的論述不太一樣——一般介紹財務概念的書籍，大多是從「時間」開始解說。

然而，本書關注的焦點，在於如何「運用財務概念來思考」，因此依照實際決策時的評估步驟，從「成本」開始說明。

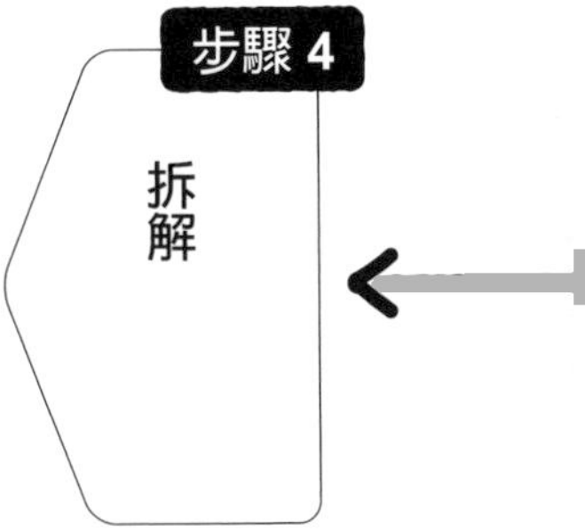

在最後的「步驟五」裡，我會舉六個例子，來說明決策時如何運用這四大要訣，也就是「財務思維運用實務」。

不論是對工作或人生，財務思維都有莫大的助益，是一套終身受用的技能。若本書能協助各位培養財務思維，將是我無上的榮幸。

二〇二〇年　新春

梅澤　眞由美

譯注

①日本金融廳於二〇一九年發表了一份報告指出，在日本家庭中，若先生滿六十五歲、太太滿六十歲，兩人只靠年金收入過活，則每月開銷會短缺五萬日圓。若兩人在退休後還有三十年壽命，就要在年金之外設法籌措兩千萬日圓的資金，才夠支應開銷。

②日本托兒所多為公營，名額有限。近年有許多職業婦女在育嬰假結束後，因托兒所額滿而無法返回職場工作，是很嚴重的社會問題。

目錄

STEP 2
掌握「時間差」

在財務上，最不願看到的就是長期且固定的成本。
把固定成本改為變動成本，再把期間縮短，
讓時間差和成本一起視覺化，都是很重要的關鍵。

STEP 3

「比較」差異

唯有透過比較，我們才能權衡並判斷事物的優劣。預先訂定「判斷標準」再做比較，而不是憑主觀或經驗的突發奇想，比較有機會讓每個人都給出同樣的評價。

STEP

4

「拆解」元素

當數字過於龐大時，我們很難對它萌生真實的想像。所以要把數字的內涵拆解成自己能想像的元素，就能看清龐大數字的真面目。

STEP 5

實踐！在工作上運用財務思維 199

STEP

0

會計vs.財務

——釐清三大差異

財務可運用在各種決策評估上

❖數字版的邏輯思考

所謂的「從財務角度思考」，是「把各項方案在日後會產生的所有影響，都換算成金額，再比較所有可能的方案，以便從中選出最優者」的一種思考方式。

很多人都說商務要重視「效果」和「效率」，而財務評估的目的是透過數字來衡量效果和效率，甚至可以說它是在商學院大受歡迎的「邏輯思考」數字版。

邏輯思考是行銷等各科目的基礎，而財務是在邏輯思考當中，再加入「金額」，讓整個思考內容更簡明易懂。

因此，財務思維可以運用在工作上，協助我們做出「是否更換辦公室設備」、「是否發展新事業」、「是否任用新人」等事項的判斷，還能幫助我們思考「要不要買保險」、「該不該買房子」、「要不要讓孩子去補習」等生活上的問題。

何謂「從財務角度思考」？

把各項方案在日後會產生的所有影響，都換算成金額，再比較所有可能的方案，以便從中選出最優者的一種思考方式

工作上

- 評估新提案
- 決定設備投資案
- 發展新事業與否
- 任用新人
- 導入新的溝通工具

等等。

生活上

- 投保
- 購屋
- 小孩補習

等等。

❖財務比會計簡單?!

在進入正題之前，還有一件事希望各位先放在心上。

那就是在「無任何機會學習理財」的背景之下，能將財務思維運用得淋漓盡致的人，可說是少之又少——請各位要先有這個體認。

絕大部分的商務人士，若非完全不懂財務，就是一知半解，再不然就是認知有誤。所以不懂財務的不是只有你，請各位放心地從頭開始學起吧！

「財務」應該是在進入二〇一〇年代以後，才在日本成爲一個經常聽到的詞彙。迄今，「企業財務」這個僅屬於財務當中一小部分的領域，尤其備受矚目。二〇一五年，日本爲了推動合理且公正的公司治理，以提升企業的國際競爭力，導入「公司治理守則」（corporate governance code）。在這項措施的推波助瀾下，市場開始從資金面來評估企業的價值。然而，即使這個發展方向需要有完整的財務知識爲基礎，但是就我個人的印象而言，財務知識在商務人士的圈子裡並不是很普及。

其實會計比財務的難度更高——我身爲認證會計師，是會計方面的專家，這一點我敢打包票。

會計有很多準則，包括固定資產的「資產減損之會計處理準則」，以及金融商品之會計處理準則等，表達和揭露的方式也都受到公司法和金融商品交易法的規範。

只要知道這些遊戲規則，就能加以「解讀」；但要是不懂遊戲規則，就會連會計書表所代表的涵義都搞不懂。因此，在企業當中，只有嫻熟會計的會計部門會負責進行會計相關的業務。

換句話說，會計是一門需要仰賴專家的學問，而會計部門的同仁和認證會計師，就是所謂的專家。這也印證了爲什麼財經雜誌做的會計專題，和書店陳列的許多會計書，都會因爲太專業而難以讓非會計專家的商務人士看懂。

不過，願意翻閱本書的各位讀者，想必應該知道「財報包括了損益表（PL）、資產負債表（BS），以及現金流量表（CF）」、「損益表上有五種利潤，和自己工作切身相關的是營業利潤」、「看不懂資產負債表，但大致看得懂損益表上的數字」等最低限度的知識吧？

會計比財務還要困難，而各位已經具備了粗淺的會計知識。對於即將要開始培養財務思維的人來說，這一點是很有優勢的。

在「前言」裡，我曾經用「會計是爲別人好，財務是爲自己好」來描述兩者的差異。接下來，我會更具體地說明它們究竟有何不同。

首先，請各位對財務和會計的對比有個印象，就能慢慢地理解財務世界的奧妙了。

POINT

財務思維就是「把各項方案在日後會產生的所有影響，都換算成金額，再比較所有可能的方案，以便從中選出最優者」的一種思考方式。

差異①

會計是書表，財務是思維

❖想從數字切入理解，就會無功而返

提到會計，各位會想到什麼呢？

是不是有很多人會想到損益表（PL）呢？它所呈現的正是會計的精髓。會計可以是有形的，讓人一目了然。

很多人拚命鑽研的損益表、資產負債表（BS），以及現金流量表（CF），正式名稱是「財務三表」，一般稱為「財報」。

財報是會計上的「成品」，是企業對外提供最終成果的一種形式。由於取得容易，據說很多人都在鑽研相關內容。

附帶一提，如果說會計作業的終點是財報，那麼「簿記」就是進行途中的過程。支持這個說法成立的證據，就是「簿記」一詞帶有「記帳」的涵義。因此，

簿記這門學問，在公司裡只要有負責處理記帳相關業務的會計部同仁學過即可。

相對的，**財務是一種概念，沒有固定形式**。或許是因爲這樣，所以大衆對它很難描繪出具體的想像，往往會傾向透過算式來尋求解答。

學過財務的人，應該都聽過「淨現値」、「加權平均資本成本」（WACC）等詞彙吧？若要理解這些內容，需要用到數學知識，或許有很多人會覺得難度很高，導致大家在財務的學習之路上受挫而放棄。

一般人學習財務會受挫的原因，在於它必須從算式開始學。不過，很多人應該都知道，我們在背歷史年號時，也要先學過相關的時代背景，才比較容易記住，但到了學習財務時，卻貿然地就從算式開始下手。

若要比喻的話，學財務就像「學騎腳踏車」，請各位先掌握它的「思維概念」，而不是規範細節。所以，你只要學會財務，隨時都能再拿出來運用。

會計是許多細膩規範的結晶，會忘記是常有的事。就這一層涵義上而言，財務有望成爲商務人士一生受用的技術。

❖「現金流量表」的概念，與財務最相近

其實會計正逐漸向財務靠攏。

日本的上市公司直到距今約二十年前才導入現金流量表，是一份歷史尚淺的財報書表。企業會開始編製現金流量表，是因爲包括投資人在內的社會大衆，對企業提出需求，表示「想知道企業沒有呈現在損益表或資產負債表上的現金流動狀況」，而企業必須做出回應。

現金和存款的數字正確與否，可以檢查存款簿或保險箱，無從矇混欺瞞。大衆想根據這種眞實的資訊，看清楚企業最眞實的樣貌——企業就是在回應這樣的需求。換言之，現金流量表是用書表的方式，讓資訊攤在陽光下。這樣的概念，和財務的思維很相近。

翻開財經雜誌等報刊所做的財報特集，總不免覺得談現金流量表的頁數少了一點。我想這是因爲現金流量表沒有太多繁文縟節的規範，該解釋的要點不多；相形之下，損益表或資產負債表的科目多，其中不乏可說明的重點，集結成書更有助於推升銷量。

除了現金流量表之外，會計當中還有「資產減損會計」、「退休金會計」和「金融商品會計」等領域，光聽名稱就讓人覺得頭痛。這些都是日本在二〇〇〇年左右實施會計制度改革，也就是俗稱「會計大爆炸」（big bang）的相關措施上路之後，才開始適用的規範。即使是會計部門的同仁，也有很多人不擅長處理這些領域的業務。而新制會讓眾人摸不著頭緒，就是因爲其中融入了財務思維。

看了前文的說明後，我們可以發現：即使是在會計部裡精熟會計的同仁眼中，財務仍是一個與會計稍有不同的領域。

只要各位能透過本書培養財務思維，想必就能精通一套多數人都還沒學會的先進規範，進而成爲引領眾人前進的領導者，在團隊中大顯身手。

POINT

學財務不是要硬記知識，而是要像「學騎腳踏車」那樣，讓全身上下都習慣這種思維。

差異②

會計是過去，財務是未來

❖會計是後照鏡，財務是車頭燈

會計是用來記錄企業既往歷史的一套方法，而簿記是紀錄的規範、準則。畢竟如果每家公司的業務紀錄都各彈各的調，就無從比較，也無法判斷這些紀錄妥適與否、活動內容是否健全。

相對的，財務是用來決定未來的一套方法。**手邊的這些資金，將來可以滾出多少錢？這些錢何時才會落袋進帳？財務關注的是這些與未來有關的資訊**。根據這些攸關未來的資訊來做決策，正是財務的目的所在。

在工作上與我們最切身相關的「預算管理」，也是一種財務的概念。因爲

「預算管理」就是先以勉強可達成的水準，編訂出一套預算，做爲日後的目標；接著再執行進度管理，好讓預算最終可以成功達標。

會計和財務就像是「兩面對照的鏡子」。財務上要追求的預估數字，必須參考迄今在會計上所統計的數值推移，才能擬訂出來。

所以它們是各自照向不同方向的鏡子。當年我在迪士尼服務時，我的頂頭上司——也就是公司的經營者，曾把經營比喻爲開車，並說過這樣的一句話：

「會計是後照鏡，財務是車頭燈。」

後照鏡用來看的是已經過去的、身後的風景，而車頭燈則是照亮未來要前進的方向。**兩者功能不同，但沒有優劣之分。要確保行車安全，兩者缺一不可。**

那位主管曾經對當時負責公司財務的我，再三耳提面命地說：

「妳要扮演好車頭燈的角色，清楚地照亮前方，讓我好好地駕駛這輛車。」

我想這是深諳財務之道的經營者，才能說得出口的經典名言。

POINT

參考迄今在會計上所統計的數值推移，再運用財務思維擬訂未來的預估數字。

差異③

會計是意見，財務是事實

❖會出現虛擬世界的會計，簡明的財務

英文裡有一句話是這樣說的：

Cash is Fact, Profit is Opinion.（現金是事實，獲利是意見。）

「獲利是意見」詮釋的是會計，「現金是事實」代表的是財務。**會計會因規則的運用方式不同，而呈現出迥異的樣貌，所以是「意見」；財務則是聚焦在放諸四海皆準的「事實」——現金。**

換言之，若要說「會計是虛擬，而財務是實體」，一點也不爲過。

會計是一門「依循既定規則記錄過去歷史」的學問，但適用的規則會因情況而異。

「折舊攤提」就是一個很好的例子。學過簿記的人，應該都知道折舊攤提有

兩種最具代表性的方法，就是「平均法」和「定率遞減法」。每一期攤提的金額會因爲選用的方法不同而異，甚至還會影響公司的獲利金額。

要採用哪一種方法是「選擇」的問題，與資產的稼動率（又稱產能利用率）等實際使用狀況無關。在會計準則許可範圍內，可選用不同的攤提方法，公司的獲利數字也會因而變動。

在會計上，會因爲認列在費用或利潤，而做出與實際金流不同的處理。其中最特別的，是諸如「應付費用」和「應收收益」等科目。它們在現實當中並沒有發生現金的出入，但是在財務三表上，卻處理得像是實際發生過金錢往來似的。

最簡單易懂的例子，莫過於「折舊攤提」了。當企業購置機器設備等折舊性資產時，在會計上除了要將該筆折舊性資產認列爲資產之外，還要在當年度內提列一定比例的折舊費用。實際上並沒有現金發生，但在會計上卻出現了必須認列費用的虛擬世界。

相較之下，財務上會看的，就只有現金何時支出和進帳。

如果單就現金出入的觀點來思考「購置折舊性資產」這件事的話，購置時會發生一大筆開銷，但之後就不會再支出任何購置費用，更不會像會計那樣認列折舊攤提。若該筆資產沒有創造收益，那麼因爲購置此資產所產生的收益，就會一直掛零。

❖會計看的是一年，財務看的是好幾年

再者，財務和會計對時間的概念也大相逕庭。

會計受到嚴謹的規範約束，有所謂的「會計年度」，精確地切分每一年的會計內容。例如，日本許多企業的會計年度，就是從四月一日到隔年的三月三十一日。

可是，商務活動是跨年度、連續性的，硬是要在期末切斷，就必須運用一些會計上的技巧，才能把帳面結平。如此一來，公司的業績數字就會因爲這些技巧或操作而大幅變動，讓人看不清眞相何在。

我舉這個例子或許有點觸霉頭，但讓我們一起來想想「鼓勵員工辦理提前優

惠退休」時的會計處理吧！

公司鼓勵優退時，會有大量人員離退。就單一會計年度來看，公司會認列一筆龐大的費用，在損益表上也將出現鉅額的虧損。光看這些數字，會覺得公司已經因爲業績惡化而陷於危急存亡之秋。

然而，從隔年度起，帳面上就不會再有離退人員的薪資，將大幅減輕公司的人事費用負擔。只要營收不再惡化，損益表上就會出現盈餘。股市投資人深知箇中玄妙，因此當企業祭出優退方案時，就會看好個股表現，股價甚至可能因此而點火上攻。

這是因爲投資人不以單一年度的損益表來評估個股，而是從資產負債表的觀點，預測這家公司的經營狀況在未來可望好轉的緣故。就這一層涵義來看，我們也可以這樣說：使用「只看單一年度經營績效」的會計工具，很難認清企業眞正的樣貌。

前面我曾提過，現金流量表是奠基在財務思維之上的一套書表。據說許多進出股市的投資人，都是看營業、投資和籌資這三種活動的現金流量均衡與否，來買賣股票，因爲這些現金流量表可以看出公司眞正的業績表現，會計工具根本無從掩飾。

財務則必須考量「未來的樣貌」，若無法認清眞實狀態，就會發生「兜不攏」的問題。因此，在財務上會忽視「結帳＝一年」的會計準則，改採用「好幾年」的思維。

以前面提過的員工優退爲例，就財務上而言，它就會是「落實撙節未來長期的固定費支出」。

POINT

現金是事實，獲利是意見。

試以會計思維和財務思維評估買房問題

❖會計思維考慮的是當下，財務思維考慮的是未來

人生在世，活得愈久，思考模式就愈固定。這一點任誰都一樣。

舉例來說，我在前言中提過我的家人。這位家人總是一不小心就只用眼睛看得到的東西來相互比較。比方說，他只會看到每個月的房租金額多寡，也就是自己最熟知的項目。這種觀念是因爲他腦中的「會計思維」所致。

相對的，包括此後的房租總額在內，若能再考量到這個變動會對整體生活成本帶來多少影響，進而評估一些眼前看不到的開銷，例如房租對日後儲蓄金額的影響，或萬一現在的工作無法繼續，會損失多少收入等，這就是「財務思維」。

所以，接下來我們就要把「會計思維」和「財務思維」的差異，套用到日常生活的實際狀況，和各位一起來思考。

一般而言，年輕人應該很少爲自己的老後做打算吧？

尤其是那些剛出社會、單身沒成家，以及沒有小孩的人，要掌握自己每天的生活，簡直是輕而易舉，每個月的收入也都能隨心所欲地花用。在這種情況下，人往往會覺得「只要每個月不透支」就好，甚至認爲這樣的日子還會持續好一段時間。就某種層面上來說，這些都是以「活在當下」爲出發點的想法。

以單一個月份的生活開銷為基礎，來思考自己的資產配置，可說是「會計思維」的特質。就像是記帳以確認「這個月是否透支」一樣。這種只看會計損益表的作法，又可稱爲「損益表思維」。

然而，只活在當下，只看每日收支的人，恐怕很難想像何謂資產管理。要做資產管理，就必須採取不同於「損益表思維」的觀念才行。這樣的觀念，就是所謂的「財務思維」。

除了要考慮現在有沒有錢，更要重視日後的儲蓄。

現在手頭上的錢，將來是否能派上用場？

「財務思維」是一種在思考財富安排之際，懂得放眼未來的思維。

❖ 該如何評估買房與否？

「究竟該租房子，還是買房子？」這個議題一年到頭都會在各種媒體上出現，引發激烈的討論。其實這件事的選擇，反映了個人的價值觀，旁人無從評斷孰優孰劣。只要列出買房和租屋的優缺點，放在一起比較，再做出選擇即可。

我們就用夫妻討論「買房與否」的對話，來看看「會計思維」和「財務思維」之間的差異吧！

「房租付了好幾年，到頭來手上什麼都不剩，這樣未免太愚蠢了吧？」

會這麼說的人，不僅是具有「會計思維」，想法還略顯偏頗，應該是看過賣房廣告，明白自己現在付的房租與買房子繳的貸款金額相去不遠。**不過，說話者並沒有考慮到買房還要負擔固定資產稅、管理費和修繕基金等其他成本，也就是沒有掌握成本的全貌**。

說話者一定會接著說：「可是我繳了這麼多錢，最後手上什麼都沒有欸！」

這是因爲說話者只認定有形的「財」才堪稱爲「付款對價」，而說出這樣的言論。

事實上並非如此，不論是租賃或買賣，我們都是爲了獲得「居住」這個價值而付款。這應該就是住宅最本質性的價值所在。

儘管很多人都知道由「買」轉「借」的「共享經濟」蔚爲風潮，但多數人仍沒有想過要「用這個概念來得到好處」。

有一些買房派則是盤算著「房子可以賣」。可是，各位認爲可以賣的住宅，到頭來卻碰上脫不了手的情況，也不是全無可能。例如，某個新市鎮早期標榜一定會蓬勃發展，最後房子竟然滯銷，導致全區淪爲鬼城的事，也時有所聞。

買房與否，要評估各種可能和選項之後再做判斷，別打定主意認爲房子一定賣得出去——這就是「財務思維」。舉例來說：

「要是我買下那間房來出租，房租收入會有多少？」

此時，就要先計算出長期自住和長期出租時的收支情況，再決定要不要買房。換言之，**要考量到房屋的未來價值，並試著加以預測。若能談到這些話題，就表示各位的「財務思維」已經在運作了**。

覺得付房租很愚蠢的人，只看到當下眼前的事物，眼中根本沒有未來。

不過，放眼未來的人，不會只思考以後的事。因爲在思考未來的同時也需要認清當下，所以有「付房租很愚蠢」想法的人，應該已經確實做到這一點了。我們可以這樣說：許多具備「財務思維」的人，也同時懷有「會計思維」，而且分別妥善地運用。

❖財務思維連「怎麼調頭寸」都很講究

大多數人要買房自住時，都會面臨一道難題，那就是「資金該怎麼辦」。手上有足夠現金的家庭不必爲此煩惱，但這樣的家庭實屬少數。於是，「背那麼多年的房貸來買房子，究竟值不值得？」就成了一個很重要的議題。

這時能派上用場的，還是「財務思維」。

申辦房貸時，通常都要先自付頭期款。此時，壓低付給金融機構的頭期款是一般常識。假設買房時手邊的存款有七百萬日圓，通常不會全都用來付頭期款，頂多只會付四百萬日圓。因爲我們手頭上還是要保留些許現金，以備不時之需。

很多日本人都有所謂的「衣櫃存款」（譯注：指存放在家裡的現金），畢竟

「手邊沒有現金就會覺得很焦慮」的觀念，還是相當根深柢固。在投資理財的入門書籍當中，我也經常看到「一開始投資時，最好先備妥相當於六個月生活費的存款」之類的說法。這樣的論述也是出自於相同的觀念。

在房貸之外的項目，若要向金融機構等第三人借貸的門檻通常很高，審核也曠日廢時。所以，在手邊留一些現金的想法，可說是人之常情。**畢竟，萬能的金錢是解決問題最有力的方法，用來當作評估事物的量尺也很方便，而催生出這種想法的就是「財務思維」**。

就像這樣，購屋時要先設定頭期款的金額，並決定自有資金和向他人借貸等財源的占比分配。各位還可以查詢一些免成本的籌錢方法，例如向父母借錢周轉，或利用贈與稅的免稅額度等。

我也常聽到大家在煩惱房貸不知該選固定利率或機動計息。利率變動主要是受到景氣的影響，因此就某種層面來說，孰優孰劣眞的只有老天爺才知道。認眞想想自己是否還有房貸以外的選項，遠比煩惱利率方案來得更重要。

有沒有能力調到頭寸，以及是否懂得如何挑選一套最划算的籌資方法，就個人能力而言，**是非常重要的資質**。

在「買房與否」的這個例子當中，申辦房貸時，除了要懂得考慮如何安排資金，同時還要做很多判斷。

- 購買自用住宅，就能省下租屋的房租開銷。
- 買房之後，就算將來不再自用，也可以出租給第三人。
- 如果住宅的地段良好，將來還可以高價賣出。

這些都是在**預估買房後的成本撙節和未來效益，且完整無缺地掌握購屋利害得失的「財務思維」下，所產生的想法**。

POINT

「會計思維」是活在當下，只管眼前看得到的事物，著重及時行樂；而「財務思維」則是會評估多個選項，放眼未來。

以會計思維和財務思維
評估買房問題

會計思維

從「活在當下」衍生出的想法

先生：房租付了好幾年，到頭來手上什麼都不剩，這樣未免太愚蠢了吧？
要是房貸壓力太重，付不出來時，再把房子賣掉就好了。

財務思維

考量到房屋的未來價值，並在思考財富安排之際，懂得放眼未來

太太：要是我買下那間房來出租，房租收入會有多少？
那間房離車站很近，要賣的時候應該很容易就能脫手吧？

查出最適合自己的籌資方法

太太：要是能只拿出一半存款來付頭期款就好了。
能不能向娘家父母借……？

娘家父母：在不必繳稅的範圍內，能贈與的金額是多少？

會計vs.財務

差異①

會計是書表
財務是思維

差異②

會計是過去
財務是未來

差異③

會計是意見
財務是事實

STEP

1

揪出「隱形成本」

KEYWORD

成本

預估收益固然要緊，但在財務上，更重要的是揪出隱形成本，以正確估算總成本。

財務是運用數字來做決策的學問。因此，在財務上，第一步就要先從預估收益和成本的數字開始做起。

準確地預估營收等收益表現固然重要，但我們必須更留意的是成本。營收能有多少，到頭來還是要看顧客買不買單。然而，成本是經過我們拍板定案後才支出的費用，因此會比收益更容易精準預估。儘管如此，由於成本往往是算得愈精，愈會往上增加，所以大家總是傾向草草解決，不太願意認真面對。

於是，到頭來才發現成本高於預期，導致公司做出錯誤決策的例子，可說是屢見不鮮。

所以，首先我要從這個很多人都疏忽，但其實是絕不容忽視的元素「成本」開始談起。

尤其在財務上，對成本的定義不同於會計。簡言之，財務所關注的範圍，還會擴及到「隱形成本」。有時即使沒有實際付款行為，還是有可能被視為成本。最能詮釋上述這項特性的，就是在財務概念裡有「兩大成本」之稱的「機會成本」（opportunity cost）和「沉沒成本」（sunk cost）。了解這兩種成本的概念，就是朝「正確地把財務思維運用得淋漓盡致」跨出第一大步。

接著，我會再介紹「人事費」、「現金」和「時間」這幾個對投資案件的核准或駁回影響甚鉅的因素。

只要成本計算有疏漏，人生或公司的重大決策就會失準。為了避免這樣的情況發生，建議各位要確實學會這些用來掌握成本的觀點。

KEYWORD 成本

「機會成本」就是把因為沒做該項選擇而損失的利益，當作成本來看待

❖全職家庭主婦的家事成本，就是每年約三百萬日圓的機會成本

所謂的機會成本，就是當我們有多個選項時，若當初選擇這次未獲青睞的選項，所可望帶來的利益。**因為我們選擇了其他選項，就把「損失的利益」視為成本的一種概念**。我在前言提過，要是我因爲「待機兒童問題」（譯注：排隊等待托兒所缺額的幼兒）而無法重回職場，那麼預估將因此損失的收入，就是所謂的機會成本。

日本的麥當勞幾乎每個月都會推出限時商品。平常雖然不至於產生什麼問題，但熱賣程度遠超過預期的情況，也時有所聞。在日本全國三千家門市銷售的商品，一旦銷量超乎預期，就很難再加訂食材，導致門市缺貨。以這個個案爲例，如果當初食材的備量充足，門市都能持續販售，那麼這當中可望獲得但實際

上卻沒有的利益，就是機會成本。

在討論機會成本時，「全職家庭主婦的家事成本」是一個常被提出來的例子。雖然有部分人士認爲根本沒有所謂的家事成本，但運用機會成本的概念，正好可以說明家事無成本的論調並不正確。

在家操持家務的人，等於是選擇了不外出工作。如此一來，原本外出工作可以領到的薪資，就成了全職家庭主婦的機會成本。

幾年前，由新垣結衣（飾演森山美栗）和星野源（飾演津崎平匡）所主演的連續劇《月薪嬌妻》（TBS電視台製播）紅透半邊天。劇中，星野源雖然在形式上與新垣結衣結了婚，卻按月付薪水給新垣結衣。我記得星野源有一句台詞，說：「家務勞動也應該得到相應的對價。」他應該是明白機會成本的概念，才會每個月付給新垣結衣十九萬四千日圓的薪水吧。

根據日本政府的調查顯示，若以機會成本的概念，將全職家庭主婦的工作內容換算成金額的話，每年應該是三百萬日圓左右——這就是機會成本的金額。

戲中的雇主確實按月付了薪水，但通常來說，機會成本是半毛錢都拿不到的。因此，**在會計的財報中並不包括這項成本。機會成本只存在於財務上，是一**

個看不到的成本概念。

❖工作型態改革也可以用機會成本的概念來思考

近年來，日本各界積極推動的「工作型態改革」，也可以用機會成本的概念來解釋。

我知道不是每家企業都有這樣的制度，不過部分企業的確有「加班時數改善津貼」，這其實是從「工時會因工作型態改革而縮短」的基礎上，所衍生出來的想法。

以往上班族只要加班，就會領到加班費，但如今企業已經不鼓勵加班。姑且先不論加班與否的對錯，過去靠加班費補貼薪水的那些人，現在可要頭痛了。儘管他們在理智上都很明白工作型態改革的重要性，或聽別人說過「回家陪小孩」、「追求自我成長」的重要性，但爲了養家活口，也只能犧牲。

在工作型態改革的框架下，企業紛紛推出了各種琳瑯滿目的措施。不過，若是仔細審視比較成功的案例，會發現有些企業依加班時數的改善程度發放津貼，也有些公司乾脆調高底薪，讓員工即使降低加班時數，還是能領到同額的薪水。

只不過從企業的角度來看，工時再怎麼降，人事費用的支出卻不受影響。要是員工的工作方式一成不變，那麼降低工時後，完成的工作量就會減少，對公司而言就是吃虧。於是，許多企業在祭出「金錢獎勵」的同時也煞費苦心，例如導入提升生產力的管理工具等。

另一方面，對員工個人而言，的確有許多人是靠加班費補貼薪水，所以公司也必須針對薪資問題推出配套方案，否則就不是真正的解方。

據說人在做決定時，都會下意識地撥算盤精打細算一番。

POINT

機會成本只存在於財務上，是一個看不到的成本概念。

KEYWORD 成本

釐清機會成本的多寡，創造未來營收

❖沒設插座的咖啡館，機會成本是多少？

讓我們再從商業的觀點來探討機會成本。

最近，我家附近的咖啡館重新裝潢，多了不少單人座位，而且桌上還設有插座，店裡因此多了不少打開筆記型電腦工作的客人。

這個現象的背景，在於「游牧」（nomad）式工作的人增加。例如，整天都在外東奔西跑的業務員，會趁著拜訪客戶的空檔，拿出電腦來工作等，使得獨自前往咖啡館消費的顧客變多了。

事實上，一個人在咖啡館裡做事的客群，據說的確比兩人以上、在店裡談話的客群來得多。於是，咖啡館便開始把過去雙人座位較多的配置，改爲以單人座位爲主的規畫。

除非全店都改爲吧檯座位，否則單人座和雙人座的桌數都一樣。雙人座是一張桌子擺兩張椅子，若全改爲單人座，店內的座位數將減少一半。

乍看之下，這樣的座位規畫違反了餐飲業「座位多寡決定營收高低」的金科玉律，但考慮過顧客上門消費的目的之後，顯然單人座位的效益更佳。

再者，以往有設插座的咖啡館並不多，但近年來插座設置的普及程度，已經堪稱是咖啡館的標準配備。就算不是所有座位都有，至少吧檯等部分座位一定設有插座。

「設了插座之後，客人會賴著不走，影響翻桌率。」

「那些投資設備的費用怎麼辦？客單價眞的有望提升到讓投資回本嗎？」

起初市場上的確有這樣的聲音出現。然而，一旦周邊的咖啡館率先廣設插座，錯失先機的咖啡館就會流失顧客，到頭來客人就不再上門了。

「設了插座之後會影響翻桌率」是顧客上門之後才要煩惱的事。說穿了，現在願意光顧沒設插座的咖啡館的顧客，恐怕不會多到需要翻桌輪轉的程度。就算有人願意光顧，也會因爲找不到插座而離開。

只要顧客願意上門，姑且不論點單內容如何，至少會點一杯飲料，甚至有可能因爲在店裡久待，另外加點東西吃；或是喝兩杯飲料，而不是只點一杯。

停留時間那麼久，點的餐食飲料卻很有限，這是不爭的事實；原本會翻桌三輪的座位，如今卻只翻兩輪，也是事實；本來會有三張點單，現在只剩兩張點單，也是事實。我們幾乎可以篤定地說，就是會從「三」降到「二」。

然而，如果連座位都坐不滿，又會怎麼樣呢？就是連「一」都沒有。

對店家而言，「顧客久坐」想必是一個很傷腦筋的問題。不過，重要的是先讓顧客願意上門坐下。

「翻桌率拉得愈高愈好」是餐飲業的金科玉律。然而，若把「因為沒設插座而損失的利益」當作「機會成本」來思考，那麼顯然就不會出現「不設插座，不接單人客」的這個選項了。

❖光是盯著會計帳上的數字，無法找出提高營收的方案

據說生鮮食品宅配的知名平台Oisix，內部會分析顧客放進購物車又取消的「棄車」商品。此舉不僅可以掌握使用者「考慮選購」的商品，還能了解哪些商品讓他們猶豫後「決定不買」。

若能推測使用者取消購買的原因並加以改善，或是改推薦其他商品，有助於帶來下一筆業績進帳。

可是，光是盯著眼前的營收，絕對看不到這些資訊——因爲它們不會出現在會計上的營收數字裡。換言之，機會成本是一種很難揪出來的成本。

因此，企業要像咖啡館或Oisix這樣，**觀察、掌握顧客的動向或取向，接著再實際概算機會成本，如果金額相當可觀，就要祭出改善措施。**

POINT

若考量機會成本，就有機會思考其他更能有效提振營收的方案，提高翻桌率不見得是最佳解方。

KEYWORD 成本

「沉沒成本」就是摒除情感因素，來決定已投入的資金該如何處理

❖只要萌生「好可惜」的念頭，就無法毅然決然地喊停

接下來，我們要探討的是沉沒成本（sunk cost）。

所謂的沉沒成本，是指已經付出，拿不回來的成本。簡言之，就是先前已經付出去的錢。

具體而言，哪些錢算是沉沒成本呢？

假設你找來了好幾份講習課程的簡介資料，最後報名了一個看起來課表從早到晚都精采有趣的課程。可是，你實際去上課之後，才聽完上午的課程，就發現內容令人大失所望。如果你繼續參與到晚上，恐怕會覺得苦不堪言。

然而，這堂課程的費用要價三萬日圓，而且你已經全額付清，就算途中離席

早退，費用也不會退還。無可奈何之下，你只好依原訂行程，一路聽這些無趣的課程到晚上。

很多人都會像這個例子一樣，覺得那些已經繳納的費用「好可惜」。既然錢都付了，沒待到最後就是「虧本」。甚至覺得如果是一系列的多次課程，就要繼續出席；若是單次的講座，就要在現場待到最後才「划算」。即使你不見得想追求「划算」，至少也會萌生「不想吃虧」的念頭吧？

可是，這樣的念頭與事實正好相反。**我們付錢的目的，就是要買到心目中的「理想商品」。當我們知道課程現場根本就沒有「理想商品」時，如果再繼續待下去，就是「吃虧」；途中離席退出，才是真的「划算」。**

明明已經知道課程現場根本就沒有自己心目中的「理想商品」，卻只因爲覺得「好可惜」而留下不走——這些人就算留到天荒地老，也得不到理想商品。我們應該這樣想：對當事人而言，「離開現場，改做其他事」才是眞正的「划算」。

❖對升學考試和談戀愛也要這樣看待?!

在準備升學考試的過程中，也可以看到沉沒成本的影響。有些人重考一年之後，仍然沒有考上理想的大學。後來聽親朋好友勸說「既然都重考一年了，再拚一年一定能考上」，便再接再厲，結果隔年又沒考上，淪爲資深重考生。

在愛情當中也有類似的案例。有些人覺得和另一半交往多年，事到如今已經無法回頭，又不能從零開始，便與不太喜歡的對象結了婚，事後才後悔。

世上充斥著許多忽視沉沒成本的案例。就這一層涵義而言，人生的諸多場景中，似乎都有沉沒成本在作祟。

能找出這麼多沉沒成本的案例，就表示我們在心理上很難掙脫沉沒成本，因爲你我都活在從過去延續而來的人生裡。

人生在世，就代表我們已經為人生投入了時間與金錢。說穿了，我們都在為自己認為重要的事投入資金，即使後來的發展不如預期，要收手恐怕也不是那麼容易。

❖這是違反人性心理的思維，所以很難理解

沉沒成本是一個很難理解的概念。也許有些人理解這個詞彙的意思，但感受上就是很難體會。我想，這是由於「沉沒成本」是一種違反人性心理的思維，才會出現這樣的情況吧！

財務上，有很多概念是把情感上已經察覺的事換算成金額來思考。然而，沉沒成本是當中唯一的例外。

我們在取得物品、享受服務或體驗時，都要付出對價的費用。付了錢之後，卻主動放棄當初付費的目的——也就是不取商品、不要服務或體驗，一般人都會覺得很可惜。

「沉沒成本是財務上的概念。」

「付出去的那筆錢，當作它本來就不存在。」

別人再怎麼勸，我們還是會覺得它和自己心中根深柢固的想法對立，所以很

難接受。

要了解沉沒成本，就要明確地認知它是一個與你我的直覺情感對立的概念。然後摒除這些情感因素，試著從邏輯的角度去理解它。若非如此，我們就無法妥善地活用這個概念。

❖機會成本和沉沒成本是兩相對立的概念

就某種涵義上而言，機會成本和沉沒成本是兩相對立的概念。

我在P.54也曾提過，全職家庭主婦的家務勞動，表面上雖然是以無償計算，但若以機會成本來考量，每年應該有約三百萬日圓的價值。當婦女選擇成爲全職家庭主婦時，就等於產生了三百萬日圓的機會成本。因此，已婚婦女在評估是否外出工作之際，應該多考量這個金額。

我再強調一次：所謂的機會成本，是在決策時必須考慮的成本。

前面也向各位提過：沉沒成本會有實際費用發生，但其實可以不必考慮。

就一般人的直覺而言，恐怕無法理解「**要考慮沒有實際費用發生的機會成**

試以「參加講習課程」為例，思考沉沒成本和機會成本

❶ 沉沒成本是過去的成本，再怎麼樣都拿不回來

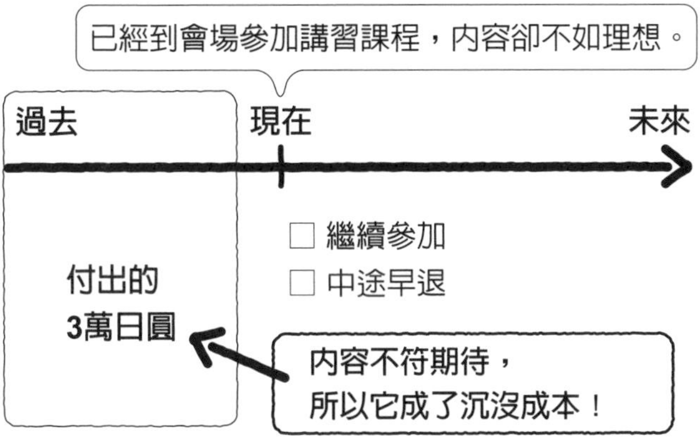

已經到會場參加講習課程，內容卻不如理想。
過去
現在
未來
付出的
3萬日圓
□ 繼續參加
□ 中途早退
內容不符期待，
所以它成了沉沒成本！

---

❶ 機會成本是：當我們有多個選項時，若當初選擇這次未獲青睞的選項，所可望帶來的利益（好處）

	參加講習課程	不參加講習課程
好處	獲取新知	• 日常業務有進度 • 不花錢
壞處	• 日常業務沒進度 • 報名費、交通費都要花錢	無法獲取新知

不參加講習課程時的機會成本

參加講習課程時的機會成本

本，卻不必在意會有費用發生的沉沒成本」這種想法。它和大家對機會成本與沉沒成本的印象，也許正好相反。

這是因爲機會成本和沉沒成本都是我們不熟悉的思維模式，也是財務思維無法扎根的一大主因。除了財務用語難度頗高之外，其觀念更是與我們從小到大習以爲常的直覺相反。

可是，如果不了解機會成本和沉沒成本的概念，在商場上或在管理家庭收支時，就無法做出正確的決策。

POINT

要考量機會成本，忽略沉沒成本。

KEYWORD 成本

商場上充斥著該無視「沉沒成本」的生意

❖「協和式客機」的研發與夏普的「龜山款」，就是最經典的例子

由於覺得已經投入的成本實在太可惜，而遲遲無法壯士斷腕地做出喊停決策的案例，在商場上多不勝數。

例如企業爲了一件備受期待的設備投資案，已經投入相當可觀的資金，但狀況卻突然生變。公司明知道即使繼續投資，走完整個專案，也得不到當初預期的結果，卻無法當機立斷地喊停。

問題是，喊停的時間點愈晚，公司就要爲了一件不會有圓滿結果的事，進行更多設備上的投資，專案相關的人事費用也會提高，讓公司的損失更形擴大。

「好可惜！」

「都已經走到這裡了……」

會萌生這樣的念頭，也是無可厚非。但是，我們在權衡、判斷時，仍須放下一切情感，才能做出正確的決定。

在商場上最知名的沉沒成本案例之一，莫過於英、法兩國共同研發的協和式客機了。它在一九七六年首航，是一款超音速客機，飛行速度是當年波音客機的兩倍。

當年協和式客機祭出了「與現有飛機不同等級的『夢幻機型』」當作前導宣傳，研發也如火如荼地進行。然而，它的油耗表現相當差，還有惱人的噪音，能乘載的旅客人數也很有限，慘遭市場批評「效率太差」。

再加上它在起飛和落地時，都需要用到很長距離的跑道，一般機場的跑道根本難以因應。這款機型的某些特性，在本質上就是與一般客機不同的設計。

說穿了，協和式客機的研發成本過於龐大，在當年已經是眾所皆知的事實。可是，當初英、法兩國都沒有逃過「速度」的誘惑，仍毅然決定著手研發。而在研發過程中，團隊早就已經發現了前述的缺陷，卻沒有選擇喊停。

換言之，當年那些主事者都沒有沉沒成本的概念。這項專案沒有喊停的原因，就是因爲「先前投注的研發費用太可惜了」。

結果，研發專案還是走完全程，機體本身的確完成問世，但原先預約下單的那些航空公司紛紛退訂，最後只生產了十六架，因爲售價太高，維護成本也是很沉重的負擔。這兩個致命問題，使得協和式客機的銷售遠不如預期。

協和式客機專案的失敗，在心理學上衍生出一個術語，就是「協和效應」。它的意思是，即使知道事情發展不會順利，卻受制於已付出的代價或成本，而無法回頭。

在日本最常被提到的一個經典案例，就是夏普的液晶面板工廠。當年夏普大舉興建液晶面板的新廠，催生出「龜山款」（Kameyama model）等叱吒一時的商品，可是新廠完工時，面板的榮景已經不復以往，陷入流血競爭之中。其實這種情況在夏普建廠過程中就已經有跡可循，但他們很難毅然回頭，只好續建。

結果，夏普因爲面板銷量不見起色，最後只好縮減產量，設備投資幾乎是血本無歸。

後來，結局誠如各位所知，夏普陷入了經營危機，最終被納入台灣的鴻海集團旗下。

❖ 要比較未來發生的成本與收益，而非已投入的成本

我要再強調一次，站在沉沒成本的觀點，我們可以這樣說：決策時不能只看過去，因爲過去是不能改變的。

所以，**我們要評估的，不是已投入的成本，而是將來可能發生的成本，以及日後可能帶來的收益，兩相比較之後，再判斷是否繼續推動眼前的業務。**

在協和式客機的案例當中，會被追究的是責任問題。誰要來爲研發專案做出喊停的決定？研發專案一旦喊停，代表公司承認當初決定投資研發的判斷有誤，這個責任該由誰來負？據傳當時就是因爲沒有人願意主動爲鉅額投資失利扛責，也不想釐清責任歸屬，才會落得如此的下場。

維持現狀是你我最舒適的狀態。要做出改變的決定，會產生「心理負擔」這

個成本。尤其在企業組織當中做決策時，有責任和內部政治角力的介入，所以大家往往會以自保爲優先考量。

在協和式客機和夏普液晶面板廠的案例當中，未考量到沉沒成本的主因，或許是出在「公司是個人的集合體」。

POINT

在權衡、判斷時，必須放下一切情感，才能做出正確的決定。

KEYWORD 成本

安排「期中評估」的機會

❖透過期中評估決定繼續或喊停

在商場上，我們該如何避免陷入沉沒成本的「陷阱」裡呢？

面對新投資案時，我們會因爲一心只想著前進，而不去思考「什麼情況下該喊停」。即使我們明白沉沒成本的概念，要中途收手也不是那麼容易。既然如此，我們事前就該認眞規畫對策，以避免陷入「想回頭卻身不由己」的窘境。

關鍵就在於**要做「期中評估」，回顧當初所做的需求預估是否已經生變**。若能預先設定一個時間點，在研發或興建途中進行期中評估，就能把沉沒成本的概念融入研發過程裡。

備妥評估的機會之後，接下來就要設定標準，才能知道「什麼情況要喊停」。如此一來，即使因爲預估失準而蒙受損失，災情應該不至於太過慘重。

若是不去考慮沉沒成本，只以未來效益和成本的比較，來做爲判斷的標準，那麼只要預期到「未來效益會逐漸縮減，將導致成本高於獲利」時，就要做出喊停的決定。

那麼，如果未來效益會逐漸縮減，但相較於未來成本，研判還是會有些許利潤時，該如何處置呢？這種案例，代表獲利水準不如當初預期，投資回收年限拉長的機率會升高。

就結論而言，我認為在這種情況下，專案仍可以繼續推動下去。問題是萬一未來效益扣除未來成本後出現虧損，哪怕只有一點點，都應該讓專案喊停。

另一方面，若預估專案的未來效益能有盈餘，卻在途中喊停時，就會失去一個機會。所以，儘管無法兌現原先預期的獲利水準，但只要專案能有些許盈餘，就不必收手放棄。換言之，在這種情況下，提出「既然獲利縮水，就無法回收已經投入的鉅額成本」之類的說法，可就錯了。

專案要繼續或喊停，都改變不了沉沒成本的金額。既然無從改變，就只能忽略。**評估決策時，處理沉沒成本的方法就是「忽略」**。

沉沒成本在會計上會留下紀錄，是財報上會揭露的成本，往往讓人覺得它的負面存在感格外強烈，導致我們受它牽絆，做出錯誤的決策。

在財務上，「不受情感和會計影響」是一項很重要的心法。

POINT

一旦情緒受到財報上揭露的成本金額牽動，就會做出錯誤的決策。

KEYWORD 成本

扭轉局勢，善加運用沉沒成本

前面的說明，或許會讓各位覺得「沉沒成本眞是個壞蛋」。不過，只要我們妥善地面對它，也有可能從中找到商機——把原本該視爲沉沒成本的事項轉作他用，就能讓它搖身變成商機。

❖ 活用閒置空間

最近，我有時會看到一些日夜營業內容不同的餐館。

只要不是擺販，做餐飲業就一定要有「店面」。店面的區位條件掌握了餐廳的命脈，所以愈是區位佳、環境好的優質物件，租金負擔也愈沉重。

一家用來開咖啡館的店面，不會在深夜時段開門營業；若用來開酒吧，則是從早上到傍晚都大門深鎖。這些不開門營業的時段，店租實在是繳得很可惜。讓這兩種營業型態錯開時段來共用店面，就能塡滿原本不營業的空檔。在自家不做生意的時段，把店面租給其他業態，還能分擔龐大的店租負擔。

可是，如果兩者不屬於同一類，店內的設備、容器就無法共用；店內的氣氛也要找到追求類似概念的人，才能共用裝潢。例如，想開有機咖啡館的人，就要找想開有機酒吧的人才行。

這些製造沉沒成本的原因，若在轉作其他用途後能帶來收益，那麼這筆沉沒成本就會在瞬間轉為商機。

這個方法不僅適用於餐飲業，也可以套用在補習班等教學機構上。

一般經營升學補習班的公司，只要是採租教室的方式，那麼學生在校上學的上午時段，這些教室就會閒置。而閒置時段的租金就是沉沒成本。公司可以在這些閒置時段開辦成人才藝教室。

如果是同一家企業旗下的不同事業共用店面，那麼在計算事業收支時，就不必再多算一筆店租。因爲原本拿來開補習班的店面，不論是否再加開成人才藝班，店租終究還是要付，是一筆省不了的成本。

若是多找一家公司進駐，彼此各付一半的店租，那麼原先在這個店面做的生意，收支狀況就能獲得改善。對事業剛起步的公司來說，共用店面的好處是能先以較小的規模起步。

前幾天，我在報紙上看到一篇報導，介紹Airbnb創辦人當初如何想到這個商業模式的故事，它其實就是一種聚焦沉沒成本的思維。

報導上說，那位創辦人在家中的空房間裡擺了充氣床，出租給到當地參加會展，卻搶不到飯店空房的人。他用這個方法賺到的錢，讓他有能力負擔舊金山高昂的房租，也成了他對這個商業模式萌生信心的契機。除了原本自住的主要目的之外，他還爲自己付出的房租找到了另一個目的，那就是「出租空房賺錢」。

要從字面上的定義來了解沉沒成本，或許難了一點。**其實，你把它想成是為了提高收益而請別家公司一起進駐，或由自家公司發展別的事業，都無傷大雅。無論思考的形式如何，只要常懷「有效活用」的觀點，去檢視自己付錢使用的東西有無閒置的空檔，或有沒有閒置的場地等即可。**

❖活用閒置人力

同樣是沉沒成本的觀點，還有一個很有意思的案例。

最近，美食外送服務日漸普及。其實日本早就有一家叫「出前館」的電子商務公司，經營了一個提供多家餐廳餐飲外送服務的網站。使用者只要在網站上輸入送餐地址，就會出現可外送店家的清單，只要再點進店家的網站，就能直接叫外送。這樣的商業模式可以成立，是**因為他們把外送工作全都委外的緣故**。

負責送餐的是在地的送報員。送報員在送完早報之後，到送晚報之前會有一大段空檔。前面的例子，是從「有效運用場地的閒置時段」出發所衍生出來的想法；而這個例子的著眼點則是「有效運用人力的閒置時段」。

或許有些送報員連送完晚報之後的時段都願意上工，出前館的老闆在觀察過送報員一天的出勤狀況之後，向派報公司提出合作的想法，促成了這項服務。

這項合作還有一個優點，那就是出前館不必另外準備送餐機車。他們只要直接借用派報公司的機車，在付薪時多加一些油錢和用車津貼，就不需要爲了開辦這項事業而付出任何初期投資成本。

況且派報員天天都在爲地方上的住戶送報，對地方上的地理環境簡直是熟到不能再熟。只要給個地址，他們甚至不用查地圖，就能騎著車直達目的地。如此一來，既可省去無謂的時間，又能提供給顧客快速的送餐服務，甚至還可望帶來撙節人事費的效益。

對經營「出前館」的公司而言，與派報公司的這項合作的確帶來了正向的效益。以往，出前館的業務雖然在拜訪餐廳後，取得店家同意刊登在網站上，卻因爲無法確保足夠的送餐人力，導致許多餐廳反悔退出。

在無法預期有多少外送訂單的情況下，小餐廳根本無力多雇用外送人手，徒增固定費負擔。出前館透過與派報公司合作，解決了這項難題。

這個案例的關鍵，在於人的空檔時間。優食（Uber Eats）在召募外送員時，也打出了「隨時上路，隨時賺錢」來號召。附帶一提，據說在日本，與優食簽約的外送夥伴，是借用俗稱的「小紅車」，也就是Docomo公司的紅色共享自行車來送餐。

如果有自備的單車或機車，那還另當別論。若是爲了當外送員而必須添購車輛，對個人而言是一筆頗具風險的投資。從優食的收入當中，扣掉自掏腰包借小紅車的費用，剩下的就是利潤。這也是為了不花任何固定費，所想出來的一種巧思。如此一來，就**可以馬上開始發展這項活用空檔時間的事業，還能省去初期投資成本**。

我在前面提過，就財務方面的決策而言，沉沒成本是一個應該忽略的概念。但另一方面，我希望請各位試著想想它們能否轉作他用。這個舉動，或許能找出一些零成本的商機。

POINT

要常懷著「有效活用」的觀點，去檢視自己付錢使用的東西。

KEYWORD 成本

人事費是一大筆成本

❖最該留意的成本是人事費

看過機會成本和沉沒成本之後，接下來，我們再來看看「人事費」、「現金」和「時間」這幾種成本。首先從「人事費」開始談起。

以往，我請廠商緊急送資料給我的時候，曾經聽過對方這樣說：「這不能用機車快遞送，我親自送過去。」因爲機車快遞要花三千日圓，金額已經超過那家公司的規定。

從那家公司到我的公司，往返要花一個小時的時間。二〇一九年日本人的平均年薪是四百四十一萬日圓，換算成時薪是兩千兩百九十七日圓（大約是四百四十一萬除以十二個月，再除以一百六十小時）。光看這些數字，也許你會覺得請員工送資料比較划算，事實上並非如此。

公司除了要付給員工薪水，還要負擔職工福利和社會保險等，林林總總加起來，約莫是薪資的〇．五倍。就公司的立場而言，實際要負擔的總時薪是兩千兩百九十七日圓乘以一．五倍，等於三千四百四十六日圓。**為了方便日後評估，大約可以每十分鐘六百日圓來計算**。換言之，倘若外部廠商開的價碼低於這個金額，就可以說是委外辦理比較划算。

可是，企業會選擇不委外，是因爲委外處理的費用會衍生實際付款的行爲，人事費卻不會（姑且先排除加班費）。

然而，**不論有無付款行為，都要懂得思考「何者划算」，這正是財務的基本心法**。

很多時候，外包會顯得比較有效率，是因爲公司員工的人事費偏高。**企業雇用人手時，往往會以人員的年薪來計算成本，但公司要負擔的，其實是年薪一．五倍的金額**。養一位年薪五百萬的員工，公司實際上要負擔的金額是七百五十萬，這一點絕不容忽視。

員工進了公司之後，公司當然是以長期留任爲前提來思考。假設員工到任後服務十年，那麼錄用一位員工，等於是一項價值逾七千五百萬日圓的決策。如果企業家大業大，倒還另當別論，若以新創企業或公司內部的新事業來考慮時，這絕不是一個可以輕言決策的金額。

從這個觀點來看，如果把業務委外處理，萬一有什麼狀況時，只要中止合約，後續就不會有任何費用產生，成本計算也比較容易。

當今社會，各種服務或業務委外辦理的環境已漸趨成熟。企業反而愈來愈沒有必要凡事親力親爲，還爲此負擔高額成本。

❖若考量員工獨當一面之前的機會成本……

如此看來，所有成本當中，人事費堪稱是我們最該注意的成本。況且所謂的人事費，並不是只有薪資與社會保險等直接費用。要把員工培養到可以獨立作業的水準，公司必須付出的費用可說是五花八門。各位不妨想像一下麥當勞之類的行業，應該就很容易理解。

招募時要刊登廣告、安排面試日期，公司還要負擔面試相關人員的人事費。錄取、報到之後，負責爲新人進行教育訓練的人員，其人事費也要由公司負擔。況且負責指導的員工多半較資深，通常時薪會比新人更高。

此外，在實際上線獨當一面之前，新人工作的速度當然比不上熟練的員工，能處理的訂單比較少，於是公司的營收和獲利便會受到影響，產生機會成本。每次送往迎來都會衍生諸如此類的成本，所以員工動不動就辭職，對公司而言是很頭痛的問題。

包括服務業在內，最近我經常聽到工商界表示人才難覓。

「花了好幾十萬刊登徵才廣告，結果只有一個人來應徵，最後也沒錄用他。」我常去的髮廊裡，設計師曾這樣感嘆，然後丟下洗頭洗到一半的我，去接聽響個不停的電話。這讓我覺得他們可能會因爲服務水準降低而衝擊來客數，就連我自己都考慮過要不要繼續光顧。

如此一來，我一年光顧六次所帶來的營收，就成了這家髮廊的機會成本。要是有好幾位像我這樣的熟客，那該怎麼辦？對髮廊而言，這根本就是攸關存亡的大問題。

這家髮廊不該只仰賴剩下的員工，要大家靠意志力苦撐。**最重要的，是要及早發現熟客可能變心，並計算出可能的影響，再從機會成本的角度，正確地體認問題的嚴重性。**

❖「人力作業極小化，以管控人事費」的商業模式

龐大的人事費，也會對商業模式的型態造成影響。

日本的「免簽收宅配」就是一個很好的例子。隨著網路購物的數量攀升，宅配業者爲了避免因無人在家而需多次配送，推出這種把包裹放在收件人家門口的方法。在治安良好的日本，包裹仍有遭竊的疑慮。但相較之下，人事費比包裹遭竊的損失更可觀。

還有一些其他的例子。像是固力果的「辦公室零食箱」，或「辦公室OKAN」（譯注：OKAN公司設置在各公司的冰箱，內有各種微波菜色）這種在公司行號擺放零食、飲料或家常菜，讓上班族隨時付費選購的商業模式，也應運而生。

這些商業模式，就跟早期的寄藥包一樣，供應商只要每隔一段時間上門補充商品、點收款項即可。

這些都是透過人力作業的極小化，將人事費控制在最低限度的商業模式。它們也透露了一個訊息，那就是人事費確實是比其他成本都還要可觀。

POINT

比其他成本都更可觀的「人事費問題」，該如何解決？

KEYWORD 成本

「現金」本身是最會啃蝕現金的「隱形成本」

❖只要與現金有關，就是一筆開銷

當我們聚焦思考人力作業或人事費時，各位應該就不難理解爲什麼最近無現金化的商家會愈來愈多。這樣的趨勢不只是對消費者有好處而已。

臨時停車場近來也出現愈來愈多只接受信用卡付款的場站；餐飲業也冒出了少數只能刷卡的店家。會推出這項措施的原因，是因爲只要與現金有關的事，就是一筆開銷。

最近，不少收付現金的商家都增設了具備自動找零功能的收銀機。找零時，收銀機會自動吐出要找的零錢，店員只要直接悉數交給顧客即可，不必點鈔數零再找錢。這樣的作法在許多不同層面都有效益。

例如，店員不會再找錯錢。現金收付的行業，難免會因人爲疏失而出現帳目不合的問題。爲了釐清誤差，員工又要花掉很多毫無生產力的時間。各位在餐廳或便利商店，應該經常看到這樣的光景：

「收一萬日圓現鈔。」→「好的。」

「請確認找零。」→「好的。」

負責收銀的店員從收銀機拿出找零時，據說都要把鈔票攤開，請其他店員來確認，也就是透過重複確認的方式，來杜絕找錯錢的問題。此外，在交還鈔票時，也要說「請您一起確認」，然後一張張地數給顧客看。

這一連串的程序，或許可以讓數錯錢、弄錯鈔票的問題不再上演。然而，這些時間都是「多餘的」。就因爲有現金，所以店家必須要在現金管理業務上投入時間。

這些進行確認的工作，每次花的時間或許不長，但把店裡所有人花掉的零碎時間，甚至是旗下所有店家的時間加總起來，就會發現公司爲了這些毫無生產力的時間，付出了龐大的人事費。

況且還要做重複確認，就要浪費兩人份的人事費。更別忘了，在這段進行確認的時間裡，顧客會被晾在一旁。

當現金累積到一定程度，放在店裡就會有遭竊、遭搶的風險。與其放在保險箱保管，不如趕緊存進銀行比較安全。

此時需要運鈔，就要請運鈔保全業者來處理。爲求安全起見，保全公司絕對不會只派出一個人，至少會出動兩個人，所以要花兩倍的人事費。這筆錢是爲了加強戒備之用，既然要顧慮安全問題，當然就不能小氣了。

就像這樣，**公司或商家手邊留有現金，就會衍生出相關的作業和危險，以及處理這些事項的人事費、設備投資費和委外費用**。換言之，「現金」本身其實是一種會啃蝕現金的「隱形成本」。

懂得揪出成本的發生原因，才是關鍵。

POINT

手邊有現金，就會衍生人事費和設備投資。

KEYWORD 成本

將「時間」換算為成本

❖替那些尚未實質發生的金錢衡量價值

在財務上，我們重視的，**不只是有無實際付出金錢，而是考量隱形收益、看不見的費用等這些難以量化的花費，將之換算成金額之後的結果**。

全職家庭主婦的家務勞動，一般認爲不是在外工作，所以沒有價格可言。但從財務的觀點來看，反而會認爲應該要爲它定價。此時我們所關注的機會成本，就是這些婦女「外出工作時可獲得的收入」。

財務思維要考量未來會發生的事，所以得先替那些尚未實質發生的金錢衡量價值，用的是一套「假設」的計算方式，是有前提的思考。**此時應該特別留意的是「時間會出現什麼變化」**。

於是「時間」就成了一個相當重要的關鍵。

舉例來說，如果家裡有一台由iRobot公司製造、銷售的掃地機器人「倫巴」

（Roomba），的確會讓人覺得很方便，更可以明顯感受到自己的時間不再被打掃綑綁。

然而，我們還沒有把省下來的時間換算成金額。要以金額爲單位，把「購買掃地機器人的費用」，與「使用掃地機器人所省下來的時間」進行比較。完成這個步驟，才能客觀比較，進而做出決策。所謂的「方便」是一種很模糊的感受，若不釐清究竟是哪裡方便，如何方便，就無法確實掌握孰優孰劣。

❖將時間換算成金額來思考

要把時間轉換爲金額，基本上就是用當事人的時薪來計算。

我心中訂定的衡量標準，大概是「十分鐘價值一千日圓」。日本的按摩服務通常是六十分鐘六千日圓左右，因此，就社會上付給提供勞務者的報酬而言，十分鐘一千日圓應該是很合理的估算。至於上班族的時薪，其實換算起來很容易，各位不妨自己計算一下，以便做爲衡量的指標。

我們可以根據這個標準，用「使用倫巴而多出來的時間」乘以「時薪」之後，再與倫巴的售價做比較。如此一來，原本缺乏明確的根據，只是「感覺很貴」的物品，經過統一標準的比較之後，應該就可以發現它其實相當划算。

戴森（Dyson）的吹風機也是如此。通常吹風機的價位，大多落在一萬到三萬日圓之間。相形之下，要價近五萬日圓的戴森，確實相當昂貴。這一款吹風機的風量夠強，而且不傷髮質。以往早晚都要花十分鐘左右才能吹乾頭髮，有了它之後，這些時間都可以挪作他用。

吹風機是日常必需品，有些人甚至每天早晚都要用到。以一次使用十分鐘，一天用二十分鐘來算，等於一天要花兩千日圓。吹風機沒有假日，也沒有上、下班時間之分。假如它要價五萬日圓，那麼使用二十五天就可以回本。

在網路上購物時，多半都要達到一定的消費金額才能免運費。想必很多人會覺得「自己去買根本就不用付運費，眞不想多付這筆錢」吧？於是我們就會爲了想省運費，多買一些不必要的商品，以湊足免運費門檻。

這種舉動，可說是完全落入了電商網站的圈套。

上網購物不僅省了出門的交通費，還不必花時間舟車勞頓。儘管網路購物的商品由於包裝仔細，顧客需要花時間拆封和丟棄紙箱，但與往返店家的時間相比，簡直是小巫見大巫。換言之，如果把出門購物所需的時間換算成金額來衡量，就會發現即使必須多付運費，網路購物還是很划算。

這樣究竟是貴還是便宜，人人心中都有一把尺，要怎麼認定是各位的自由。**重點在於各位是否先用財務思維來比較兩者的差額，再做出判斷**。

例如時間很難比較，所以在財務上，我們會把它換算成金額。實務上，很多人可能都是把多出來的時間用在休息或興趣上。但不論如何，財務所關注的，還是大家「可以自由運用這些多出來的時間」。

時間和金錢一樣，都是有限的。正因爲在財務思維下所做的決策，願意承認時間的這份價值，才會把它換算成金額來思考。

POINT

在財務上會把時間換算成金額來思考。

KEYWORD 成本

財務上不受「支出名目」、「虧損」牽制

接下來，我要爲各位說明正確判讀成本所需的兩項金科玉律。

● 不受支出名目牽制。
● 不受虧損牽制。

❖不會只關注特定成本的支出名目

在會計上，成本要分門別類，用各種不同的名稱來呈現，例如廣告宣傳費、交通費等。可是，分類過後的成本，容易引導我們做出錯誤的判斷，這也是不爭的事實，因爲我們只會把關注焦點放在各個類別的金額上。

房租就是一個很生活化的例子。在教人如何節約致富的書裡，經常會出現

「房租應該控制在收入淨額的三分之一以下」之類的描述。然而，我在「前言」當中也提過，如果光是聚焦在「房租」這件事情來思考，反而會誤判情勢，說不定還會導致我們的人生滿意度下降。

財務觀點會綜觀全局，而不是只關注特定成本的支出名目。

❖「虧損」真正的涵義是什麼？

在企業當中，用會計概念來思考的費用項目，與這些項目在商業觀點上的真正涵義，經常有差異。

例如零售或餐飲業在銀座開店，通常不是爲了要在那家門市追求獲利，而是用旗艦店的方式，來代替廣告宣傳費、促銷推廣費的開銷。

當一家零售通路在銀座展店後，編製出銀座店的損益表來看，就會發現：營收的三成左右要付房地租金，人事費約占兩成，採購成本約三成，再加上其他林林總總的費用，會虧損是理所當然的，要有盈餘簡直是難如登天。

這筆虧損並不是單純的入不敷出，它眞正的意義是廣告宣傳費。然而，在會計上並不會這樣認列，而這一點正是我們要分別妥善運用會計和財務的關鍵。即使我們在公司裡主張「銀座店的盈虧應該當作廣告宣傳費」，但在會計上，銀座店的營業損失，確實拉低了全公司的營業利益。不論虧損的實情如何，銀座店都有可能被認爲是拖累公司的包袱。尤其上市公司的會計作帳，更要依規定進行處理，否則就過不了會計師核閱的那一關。因此，除了老老實實地作帳之外，別無他法。

然而，若從財務的觀點來思考，就會發現這個案例是不可以計較虧損的。

銀座店的營業損失，實質上要以廣告宣傳費來看待。而最重要的是：一旦決定要把它視爲廣告宣傳費，就要不厭其煩地在公司內部說明它的意義。

POINT

在財務上，公司的決策不見得是為了要追求獲利，而是要代替廣告宣傳費、促銷推廣費，或是其他功能。

KEYWORD 成本

成本要錙銖必較地預估

❖預估營收時往往謹慎小心，對於費用卻總是馬虎隨便

在本章的最後，我想談談在實務上面對成本時的一些注意事項。

我在本章一開始曾經提過，企業在評估投資案時，針對預估將帶來營收或投資效益的這段期間，盡可能「正確」地預估必要的費用，是很重要的動作。

「正確」是這裡的關鍵，因爲我們往往會流於低估。

成本預估上的疏漏，可能會造成決策上的重大疏失。

可是，相關單位繁多的大公司，或是投資金額甚鉅的複雜案件，愈會潛藏這樣的疏漏。

舉例來說，如果由物流中心的基層員工，來研擬物流中心整建投資案的內

容，恐怕會忽略不少發生在物流部門之外的費用。

物流中心要整建，就必須處理資訊系統的問題。而物流本身的操作流程也會改變，因此配送、整理、分貨等，各部門的費用內容都可能出現變化。我們不知道物流中心的基層員工會不會發現這些費用，就算發現，也不確定他們能否妥善地試算。

要是只照顧到了大筆的費用，卻沒處理許多細項，就這樣通過了投資案，接著啟動物流中心的整建工程，到了開始試營運之後，才又冒出新的費用，甚至不追加預算就不能完工落成的案例，是否屢見不鮮呢？

我們不能只拘泥於自己所屬的部門，而是需要綜觀整家公司，謹慎地找出哪些部門會受影響，影響的費用又是多少。

❖ 確認成本是否疏漏的兩個方法

有兩個方法可以用來確認費用是否有疏漏。

第一個是找會計或經營企畫部門的人來參與專案。通常我們即使了解自己部門的情況，也不會知道其他部門的業務細節，很難在單一部門內完成投資等專案的評估。爭取其他部門的協助，才是比較務實的作法。

另一個方法就是落實「事後驗證」。萬一預估有疏漏，事後一定會知道。即使這次無法做出正確的決策，修正疏漏也能讓整家公司學到經驗，日後可以應用在其他投資案上。

這些事後驗證的統計，應該有一套機制，要請會計部門協助，定期與相關部門共享資訊。如果沒讓相關人員都掌握事後驗證的資訊，就無法應用這次學到的經驗。

然而在實務上，會計部門可能會抗拒這一套作法。畢竟對他們來說，只是徒增多餘的業務負擔罷了。況且被迫扛起協調疏漏的角色，就是在跳火坑，所以會計恐怕不會那麼輕易地伸出援手。遇到這種情況時，即使要動用公司內部程序，也要尋求協助。

如果是我，我應該會告訴主管：「我認為這些數字是有必要的，能否懇請業務部部長去跟會計部部長商量？」或是去找負責相關業務的高層談一談，也是不錯的方法。對上班族而言，這個方法會比與承辦人針鋒相對更務實。對高層而言，投資案是重要的決策。透過高層來讓承辦人明白這對公司來說是必要之舉，請承辦人配合，會更有實效。

包括迪士尼日本（The Walt Disney Company [Japan]）在內，在日本發展事業版圖的美系外資企業當中，管理數字的財務部會隨時伴隨各部門的運作，所有決策都要經過財務部門的同意，才能進行。

相對的，在日本企業內部，掌管數字的就只有會計、財務和經營企畫部，似乎缺乏與業務第一線的互動。況且這些部門管理的，是全公司數字統計之後的結果，很少照顧各部門當前的數字進度。

就連加總全公司而來的數字，也只是匯總過去的績效，對於如何讓未來的數字好轉，會計部門則是置身事外。只看會計，不管財務。

在日本企業內部，負責思考未來數字的是經營企畫部門。不過，這個部門也偏向比較質化的策略，因此目前還是缺乏負責處理未來數字的部門與人力。

要解決這個問題，就需要「事後驗證」。

整體而言，日本企業缺乏完善的事後驗證，而且往往會以無法計算為由，不做這項工作，於是數字「黑箱化」的情形便愈來愈嚴重。

只要提醒自己要做事後驗證，應該就會在推動專案的過程中，隨時寫下事後驗證可用的觀點或數值；有了這些紀錄，後續只要核對即可。偏偏大家就是刻意不去釐清預期和事實的差異。

在新事業發展之初，多半都是持續虧損。從財務的觀點來看，這些虧損根本不是問題，但企業主管向來只被要求考慮會計層面，對財務一知半解，所以在持續虧損的情況下，想必就會覺得自己愧對公司吧。

請各位先以自行事後驗證為目標，用概略的數字估算成本，即使準確度只有六、七成也無妨，甚至不需要複雜的算式，只要運用四則運算即可。

在推動專案之前，先有一個「大概會落在這個水準」的假設，最後再比較結果是否符合預期。再者，找出哪裡不符合原先的預估，就能把學到的經驗運用在下次的專案。

事後驗證應該以PDCA（Plan-Do-Check-Act）爲主軸，而不是聚焦在數字上。至於成本預估的準確度，只要在屢次驗證的過程中，慢慢提高到八、九成即可。

POINT

透過不斷落實PDCA，逐步提升成本預估的準確度。

STEP

2

掌握「時間差」

KEYWORD

時間差

在財務上，最不願看到的就是長期且固定的成本。把固定成本改為變動成本，再把期間縮短，讓時間差和成本一起視覺化，都是很重要的關鍵。

為了消除「忽略成本」的過失，以求「毫無遺漏地掌握成本」，我們在步驟一裡說明了一些想法。

如此一來，前置作業就完成了。

接下來，在本章中，為了讓各位能根據預估的金額來做決策，我想聚焦在「時間差」這個主題上。

我會選擇在成本之後介紹時間差，是因為我認為要依實際運用財務思維時的順序來解說，各位比較容易理解。

各位翻開財務書就會看到的「折現」或「淨現值」（Net present value, NPV）

等詞彙，也會在本章探討。

財務上，將成本分為變動費和固定費，是不變的金科玉律，因為它們會對時間帶來不同的影響。

變動費可以在每次發生時，依自己的意願或努力來撙節；另一方面，固定費多半是起因與他人訂定的合約，無法輕易更動。換言之，它是與他人之間的承諾（commit），因此我們會長期受到承諾內容的約束，導致成本持續發生。

不論是個人或公司，都很難預知未來的發展。因此，對於會使我們長期受到約束的固定費，在決策時應該比變動費更謹慎。

在本章，我們除了要探討固定費、變動費和初期投資成本之外，還要說明公司在做投資評估時常用的指標，那就是「回收年限」和「淨現值」。這些都是融入「時間差」的概念之後，用一個數字來呈現專案全貌的工具。此外，我也會說明讓「時間差」視覺化的方法，以及該如何看待「時間」。

KEYWORD 時間差

盡可能壓低會造成長期影響的「固定費」

❖是策略性開銷，還是必要的費用？

費用可以分為「變動費」和「固定費」這兩種。

以家庭開銷而言，像餐費這些可因個人努力而降低的，就是變動費；房租等幾乎是必須持續每個月定額支付的費用，就是固定費。

家庭開銷中沒有營收，其中房租、手機通訊（定額部分）、保險費、孩子的學費和才藝費等，那些不管使用量、活動量多寡，都要根據合約支付定額費用者，就是所謂的固定費。另一方面，金額會依使用量多寡而變動者，例如餐費、日用品費等，就是變動費。

在商業的世界裡，變動費是依營收高低而變動的費用，固定費則是不論營收高低，金額都不改變的費用。變動費最具代表性的例子就是銷貨成本，而固定費最具代表性的例子則是人事費和辦公室租金等。

變動費因其性質不同，處理上有些需要特別留意的地方，因爲它可分爲策略性開銷和必要的費用。

以家庭開銷爲例，爲了追求自我實現或學習，所投入的書籍費或課程講座費用，就屬於前者；後者則是生活上的必要開銷，例如餐費和水電瓦斯費等。

對企業而言，策略性變動費最具代表性的例子是廣告宣傳費。要在哪個項目上投入多少金額的費用，取決於公司的判斷。附帶一提，當公司預算可能無法如期實行時，最會被刪減的是「3K」——廣告宣傳費、交際費和交通費，它們都是想省就能省的費用。因爲一般都認爲，即使少了這些預算，還是能靠員工的意願和努力，設法完成相關業務。

❖固定費愈高，愈經不起變化

各位覺得，從財務觀點來看，要刪減變動費還是固定費，才能讓家庭開銷更健全呢？

答案是固定費。因爲固定費是「固定」的開銷，只要能調降，就可能長期而持續地省下一筆支出。這裡的「長期」是關鍵。

一筆必須長期支出的款項，是非常驚人的開銷。不論是個人或企業，都不知道未來會怎麼樣。萬一遇有不測時，有固定費的開銷，就比較經不起變化。

變動費則是「變動的費用」，一旦停止努力，過去節省下來的成本就會馬上提高。

從「努力一次就能獲得長期且持續的效果」這一點來看，顯然撙節固定費是比較理想的選擇。換言之，既然同樣要爲撙節付出努力，積極刪減具有半永久持續性的固定費，效益更高。

支持這項論述的證據之一，就是在雜誌上的「家庭開銷健檢」專欄當中，財務規畫師多半都會建議讀者調降保險費。這是因爲若要省房租，需考慮搬家的問題，相形之下，拿保險費開刀顯得更容易。況且如果沒有其他大筆的固定費開銷，當然就只能聚焦在保險費上了。

將固定費轉為變動費

在致力調降固定費之餘，同時也要考慮盡可能「把固定費轉為變動費」，並

加以控管，因爲這個動作能幫助我們將未來的風險降到最低。

最具代表性的方法，就是「要用時才借」。

同樣要借，長期借用就是固定費，若能改成需要使用時才借，就能將這筆開銷轉爲變動費。

固定費會成爲問題，是因爲即使負擔該筆金額所帶來的效益不明顯，公司還是必須每月付款。還有一個棘手的問題，那就是由於固定費是每月定額，所以很難察覺這些錢坑的存在。

健身中心的月費，就是一個很簡單易懂的例子。很多人在充滿幹勁時一股作氣加入健身房的會員，但其實後來都是月「捐」一萬日圓會費。這些人平時完全不記得自己入過會，直到看見信用卡明細或存摺才想起來，只能徒呼負負。光是入會而不去使用設施，對健康毫無助益。固定費就是很容易變成這種「放水流」的開銷。

附帶一提，像日本的「Nuppl Fit」這種行動應用程式提供的服務，就可以用「分鐘」爲單位，來支付健身房的使用費。它可說是將過去以固定費爲前提來思考的健身房使用費，百分之百地轉成變動費。

這種固定費，最好盡量轉成變動費！

辦公室租金	業務車	職工福利	人事費
可多利用出租辦公室或租借會議室。	可多利用長租或共享汽車。	員工訓練所等硬體設施，可以改用代辦、委外等方式辦理，不必自行持有。	委外，雇用派遣員工。

❖委外辦理

委外辦理也是一種控管固定費的方法。

近年來，承攬行政業務或代辦業務推廣的業者愈來愈多。這些業者的出現，能爲企業減輕龐大的人事費負擔。

另一方面，從固定費和變動費的觀點來解釋這個現象，也能說得通。

會計部門在旺季時，會需要較多的人手。然而，編制規模若配合旺季，就會帶來相當沉重的人事費負擔。因此，日本企業普遍的作法，就是會在某些時期雇用派遣員工，或是將部分業務委外辦理。

只在旺季時約聘的派遣員工薪資，還有依單月業務量多寡計費的委外費用，都是變動費。

❖人事費的固定性最強

在固定費裡，最該留意的是人事費。

相較於其他各國，日本的勞工法規相對嚴謹。因此，企業一旦雇用員工之後，很難以歸責於公司方的理由而將之解雇。這與動不動就突然把員工叫到人資部，不等員工回座就直接炒魷魚的外商企業，簡直是天壤之別。

歸屬於固定費的人事費，對公司支出的影響之鉅，可想而知。

POINT

同樣要為撙節付出努力，就要積極刪減具有半永久持續性的固定費。

KEYWORD 時間差

「初期投資成本」是超級固定費

❖刻意以初期投資成本一較高下的平台產業

其實還有一種比固定費更固定的開銷，那就是初期投資成本。

雖然固定費是會持續發生的費用，但在支付的過程中，並不是完全沒有機會重新檢討。儘管需要花一些工夫，但只要經過檢討，後續或許就有機會可以降低支出。

可是，**初期投資成本一旦付出之後，就無法再拿回來**。換言之，它比固定費更固定，更經不起狀況變化的考驗。

讓我們來看蘋果公司的案例。以往，蘋果公司最爲人所知的，就是它不設自家工廠，只專注於設計和研發，把生產都委外辦理。如此一來，蘋果就可以專注在設計等有利於提升顧客滿意度的業務上。這種不設工廠的生產型態，我們稱之為「無廠」（Fabless），是初期投資成本的撙節措施中最經典的案例。

若要在自家工廠生產，需付出龐大的初期投資成本來興建工廠。從財務的觀點來看，在這個不確定的年代裡，無廠的生產型態也很符合時代需要。

不過，有些行業卻是刻意以初期投資成本一較高下。

例如網路二手拍賣商城mercari之類的平台產業，在草創初期要投入鉅額的研發費用。畢竟沒打造出像樣的網站或應用程式等工具，服務就無法上路；而網站用起來是否順手流暢，也會影響使用者人數，最終將左右公司的收益。換言之，初期投資成本堪稱是這個產業的關鍵命脈。若要與傳統產業相比，它和需要投入許多設備或機器才能運轉的製造業，頗有相似之處。

規模龐大或多角化發展的企業，比較能承受初期投資成本的風險。因此，**初期投資成本的好壞，很難一概而論。重要的是各家企業應該衡量自身的條件，做出合適的金額判斷。**

在平台產業當中，還有以訂閱服務賺取收入的業態。舉凡社群財經媒體

News Picks，或是音樂串流服務Spotify、Apple Music等都是。只要營運步上軌道，這樣的經營型態在財務上相當有利。

對顧客而言，付的是固定費；反之，這對服務商而言，則是一筆又一筆的固定收入。會員即使沒有使用服務，也會按月確實繳款，實在是打著燈籠也找不到的好生意。前面已經談過固定費管理不易，但若事前已經可以預估次月的收入有多少，會省掉很多管理上的麻煩。

❖通常廣告宣傳費是變動費，可是……

平台型產業的成敗，在於能吸引多少使用者的青睞。所以，業者都會在服務上路之初積極宣傳，例如電視廣告、車內吊環廣告等。而這些高額的廣告宣傳費，在性質上可說是一種初期投資成本。

廣告宣傳費通常會被歸類在變動費。可是，如果我們爭取到的使用者，願意持續使用我們的服務，那麼在財務上，最好還是以「初期投資成本」來看待，比較接近實際情況。

像「Pay Pay」（譯注：由日本雅虎與軟體銀行合資成立的電子支付事業）的

現金回饋就是如此。拿來辦抽獎活動（譯注：使用PayPay結帳付款的總金額達到一百億日圓，就讓相關會員和用戶參加抽獎）的這一筆促銷推廣費，是爲了爭取用戶的初期投資成本。如果他們像其他同業那樣積極提供現金回饋，就會缺乏差異化；而電子支付服務的應用程式，並不是用戶想裝幾套就裝幾套。因此，讓消費者早日成爲自家平台的用戶，至關重要。

我們在P.97談過，要從「留意費用的眞正涵義」的觀點來思考，而這些案例也是如此。即使是同一個會計科目，在財務上的認定還是需要依公司及其成長階段的不同來調整。

先考量這筆費用所帶來的影響會持續多久，**再判斷它是屬於變動費或固定費。若為固定費或初期投資成本，就要審慎評估冒這樣的風險是否值得。**

POINT

策略性地增加初期投資成本，也是一種想法。

KEYWORD 時間差

回收年限愈短愈好

如前所述，選擇支出變動費，避免初期投資成本或固定費，是創造獲利的財務黃金定律。

❖將來的事誰也說不準

這項定律的大前提，就是「將來的事誰也說不準」這個事實。

企業會願意投入龐大的初期投資成本興建工廠，其實是知道工廠生產的商品有機會熱賣的緣故。然而，事態發展是否真的能一如預期，只有上天才知道。許多企業組織看似穩定發展，實際上卻是冒著這些風險在經商。

假設某家企業有兩項設備投資案待審。

A、B兩案要花費的總成本金額都相同。不過仔細評估之後，發現A案的變動費較多，B案幾乎都是固定費。這家企業究竟該選哪個方案呢？

當營收超乎預期時，固定費多的投資案，能為企業貢獻的獲利就愈多。然而，預估失準的案例也不在少數。因此，若考量到營收不如預期時的風險，還是要盡量縮減固定費，才能確保獲利。

反之，要是投入太多固定費，很有可能會因為這個重擔，導致專案虧損連連，甚至連整個事業都無法繼續運作下去。

在不確定的狀態下，降低固定費，而以變動費支出為優先考量的作法，對公司的風險比較低。

除非你對後續的穩定發展已經有十足的把握，否則就要懂得朝「萬一事態生變，能將犧牲控制在最低限度」的方向做好準備。只不過做了這樣的選擇，就很難發大財。

❖我們往往聚焦在由初期投資成本和固定費加總而來的「總成本」，但……

一般而言，我們往往會特別關注由初期投資成本和固定費加總而來的「總成本」。

舉例來說，假設有一個初期成本一千萬日圓，固定費每年兩百萬，要投入三年的A投資案；和一個初期投資成本一百萬日圓，固定費每年五百萬，要投入三年的B投資案。以總金額來看，兩者都是一千六百萬。

在這兩個投資案中，比較容易選擇執行的是B案，因為萬一半途中止計畫，B案的損失比較輕微。如果專案執行兩年後決定喊停，A案要損失一千四百萬，而B案只會損失一千一百萬。

企業最要避免的，就是長期的承諾。

初期投資成本高，沉沒成本就會隨之提升，成爲公司的重擔。反之，若初期投資成本低，而每年的固定費支出多時，只要能每年重新評估是否續約，就算專案途中喊停，也能將初期投資成本的損失壓到最低。換言之，**公司的虧損總額，會因為初期投資成本和固定費發生的時間點不同而有所變動。財務不只是看數字，連時間流轉都要列入考慮，原因就在這裡。**

請各位看看下一頁，這是在財務上很常使用的一張圖表。

A案　初期成本一千萬日圓，固定費每年兩百萬×三年

B案　初期投資成本一百萬日圓，固定費每年五百萬×三年

「初期投資成本」要盡量壓低

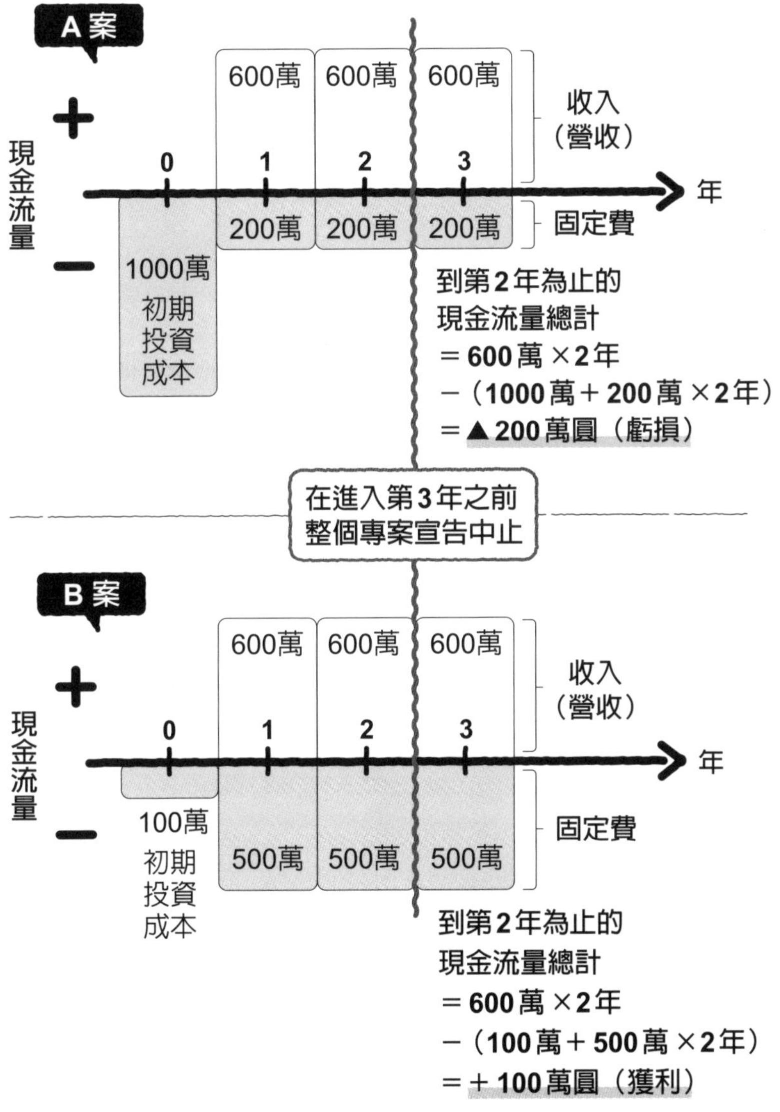

在這兩張圖當中，向下的部分都是代表支出（固定費、投資），也就是資金流出，我們稱爲「負現金流」；而向上的部分則代表收入（營收），也就是資金流入，我們稱爲「正現金流」。整張圖表是以時間軸往右邊水平方向前進來繪製。而A、B兩案的收入，都是預估每年六百萬日圓。

現階段會有初期投資成本的支出，A是一千萬，B則是一百萬；再加上第一年的年度固定費，A要付兩百萬，B則要花五百萬。到了第二年以後，A每年的固定費就只要兩百萬，B則是五百萬。

萬一專案發展不如預期，在第二年結束時要喊停，那麼虧損較少的會是初期投資成本較低的B案。

我們來比較一下A、B兩案截至第二年爲止的「現金流量總計」。「現金流量總計」是指截至該時間點之前所有現金流量的總額，會呈現出「截至目前爲止，究竟還剩多少錢（或已經損失多少錢）」。現金流量總計爲正，表示投資的本錢可以拿得回來，也就是所謂的投資「回收」。B案在現金流量總計上，比A案更早轉正，因此B案的投資回收較快。若考量到充滿不確定性的未來，那麼B案是比較理想的投資。

❖資金趁早回收最放心

以這個「愈快回收愈好」的觀念為基礎，發展出一個呈現投資安全性的指標，那就是「回收年限」。它的概念是看包括初期投資成本在內的支出金額，需要幾年才能和專案帶來的收入打平。在財務上，一般認爲這個年限愈短愈好。

一個投資回收年限三年的案件，和投資回收年限五年的案件，何者的發展比較容易預測？只要想像一下這個例子，應該就能釐清各位對於回收年限的概念。當其他所有條件皆相同時，回收年限愈短，預設的現狀前提愈有機會維持不變，而實際情況的發展就愈有可能一如預期。

換言之，資金還是趁早回收最放心。考量前述這些條件，評估哪個專案值得投資時，所使用的評量工具就是「回收年限」。

請各位再看看P.125的這張圖表。

假設有某家企業花兩千萬日圓，投資了工廠的生產設備。

第一年要計算初期投資成本，所以有兩千萬的負現金流。而一年、兩年和三年後，計算從營收扣除材料費等成本之後的金額，每年都有一千萬的正現金流。A案在第二年結束時，現金流量總計是零，也就是收支剛好打平。針對這種情況，我們會用「回收年限」兩年來表述。

那麼，每年有正現金流五百萬的B案呢？就這張圖表來看，它的回收年限是四年。

究竟該選擇投資哪一個案件呢？評估的指標就是「回收年限長短」。

選用這項指標有兩個原因。

第一個原因，是因為愈早回收資金，就能用手邊的這筆錢再去創造新的財富。另一個原因，則是當我們以現階段的資訊為基礎進行判斷時，對三、四年後的評估，準確度一定會比評估「兩年後的狀況」來得低。包括競爭日趨激烈在內，各種原因都會導致三年、四年後的「五百萬」，成爲一個缺乏可信度的數字。

考量到上述這些風險，我們認爲理想的投資案，應該要能及早回收，這就是回收年限的概念。

POINT

回收年限短的投資案件最放心。

「初期投資成本」要盡量壓低

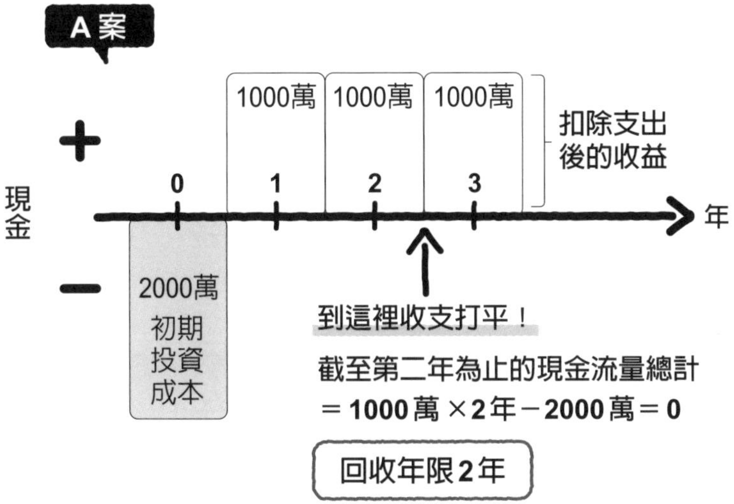
A案
1000萬
1000萬
1000萬
扣除支出後的收益
+
現金
−
0
1
2
3
年
2000萬
初期投資成本
到這裡收支打平！
截至第二年為止的現金流量總計
＝1000萬×2年－2000萬＝0
回收年限2年

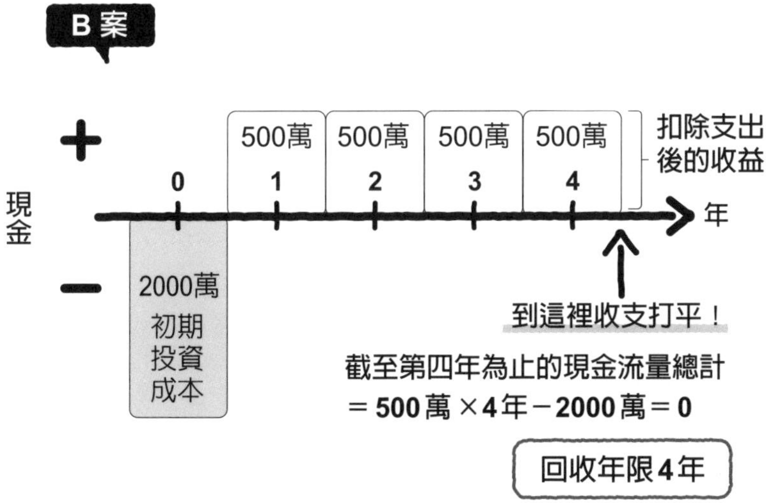
B案
500萬
500萬
500萬
500萬
扣除支出後的收益
+
現金
−
0
1
2
3
4
年
2000萬
初期投資成本
到這裡收支打平！
截至第四年為止的現金流量總計
＝500萬×4年－2000萬＝0
回收年限4年

KEYWORD 時間差

「資金」是最花錢的事

❖「手邊留現金」是金科玉律

前面我們談過了固定費、變動費和初期投資成本，這三者都是會讓資金外流的支出項目，尤其是初期投資成本，更是需要投入相當龐大的資金。

企業在從事商業活動之際，最重要的是資金，而不是資產。

在會計上，只要企業資產負債表上的「資產」部分比「負債」充足，就會認為這家企業沒有問題。可是，所謂的資產不是只有土地、建物和機器設備等固定資產。這些固定資產要賣掉變現，需要花一些時間，而且還不見得可用買價售出，價格波動的機率相當高。

豐田汽車的「及時生產系統」（Just in time），指的是企業只在需要的時候，向供應商採購需要的零件數量，內部盡量不留庫存的一種作法。手邊多留一些零件資材，就能應付各種突發狀況的思維，只不過是生產線上的觀念罷了。

當企業達到豐田這樣的規模時，若在每個生產線上多留一點零件庫存，資產金額就會出現「上億日圓」級的變動。這意味著公司會有上億日圓的資金積壓在此處，不能挪作他用。

手邊若有資金，當獲利可期的投資案出現時，就能進場投資。然而，兩手空空就是什麼事都做不了。換言之，「資金在手的時機」很重要，**「手邊留現金」更是關鍵**。

手頭上沒有資金時，企業可以向銀行借貸。但既然是借貸，當然就會有利息產生，也就是說，調頭寸是要花錢的（目前日本處於負利率狀態，情況比較特殊，請各位暫且先忽視這一點）。

個人也是一樣。不論是在買屋時申辦房貸，或是爲了填補學費不足而辦學貸，原則上都必須繳付利息。

只要能找到值得信賴的放款機構，就能借到利息較低的房貸或學貸。例如育英會（譯注：現已更名爲獨立行政法人日本學生支援機構）的第一種獎學金，只要學業成績優良，就能申請到免利息的學貸。這樣的制度當然有一些政策上的考量，不過可想而知，該機構預期優秀學生將來應該可以按時還款。至於像信貸那樣設定高利率的貸款，則是因爲放款機構預期借款人很可能還不出錢的緣故。

反之，如果手邊有一些多餘的閒錢，也可以用它們當本金來賺錢。例如，存在銀行可以拿到存款利息，買公債可以領利息，投資股市的風險雖然高，但可以領配息或買賣賺價差等，有機會賺到更多回饋。

就像這樣，調度資金所需的費用，會因借款人的狀況，以及借款用途而有所不同。但不論如何，調頭寸都是有成本的。

POINT

公司從事投資等活動時，都需要資金。而要籌措資金，就需要花費一些成本。

KEYWORD 時間差

錢會因為「何時出現」而具有不同的價值

❖眼前的資金和一年後才進帳的錢，價值不一樣

前面提到「要懂得在手邊留現金」，接著我們要以此為基礎，來探討「眼前的資金」和「一年後才進帳的錢」，在財務上不等值的概念。當一個誘人的投資案出現時，如果手邊沒有現金，你就無法參與投資。所以財務上認為：在手邊的現金最有價值，將來才能拿到的錢，價值比較低。

各位是否也覺得，當場就能折扣的優惠，比日後才能領到的現金回饋更令人開心？

當場拿到折扣的話，我們就可以運用這筆錢去進行其他的投資。況且所謂的日後現金回饋，難免還是讓人擔心「是否眞的會進帳」。既然回饋金額相同，就感受上而言，「當場拿」會比「日後拿」更令人開心。而財務上的觀念也與這種

感受一樣。

❖現在拿或將來領，到底會差多少？

接下來要看的問題是：同樣一筆錢，現在拿和將來領，價值究竟差多少？這裡我們也要用利息的概念來思考。

儘管利息高低的確會因放款對象而異，我們就先以借款人「安全且可信任」爲前提，並以年利率一％，做爲這個放款對象條件的利率。

現在馬上拿一百萬，和一年後、兩年後拿一百萬，究竟何者價值較高？

如果現在馬上拿，並將這一百萬存入銀行，就可以在無風險的情況下拿到利息。假設利率是一％，那麼一年後這筆錢就會變成一百零一萬。如果當初選擇一年後才領一百萬，兩者就會有一萬日圓的差距。

這個金額差距，可說是因爲等待一年才拿到的「忍耐費」，或說是這筆資金的「租借費」。

目前看來，不論是現在、一年後或兩年後，起點拿到的金額都是一百萬，看似價值相同，但若把時間軸納入考慮，就會發現兩年後，其實這三個選項會出現

即使金額相同，現在拿和一年後才領，價值就是不一樣。

Q **同樣是可以領100萬，現在拿和一年後才領，哪一個選項比較好？**

A **現在拿！！**
可以馬上拿來買任何東西，也可以存起來。

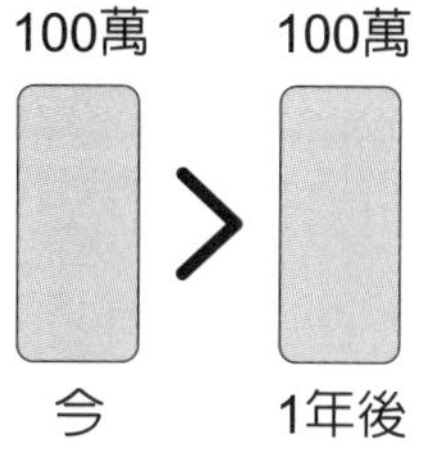

Q **如果要等一年後才領，要變成多少錢才值得等待？**

A **100萬 × 1.01**
＝101萬日圓

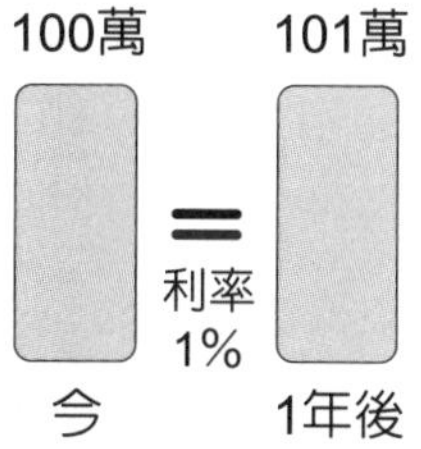

利率＝折現率

Q **一年後的100萬，現在的價值是多少？**

A **減去孳息金額**
100萬 ÷ 1.01
＝約99萬日圓

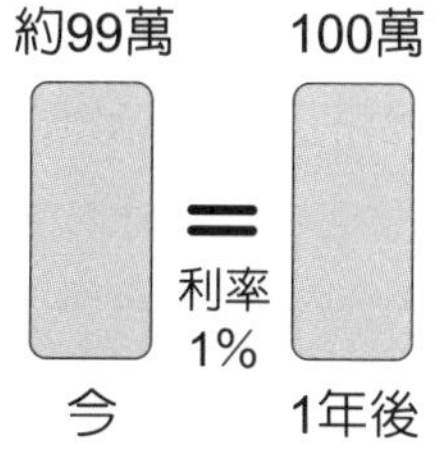

只考慮利率（折現率）＝淨現值的現值

若干差異，金額分別會變成一百零二萬、一百零一萬和一百萬。

❖「淨現值」是最終手頭有的錢，加入時間因素調整後的結果

誠如剛才提過的，在財務上，我們會運用利息的概念，以數字來反映時間的價值，也就是**把所有乍看金額相同的所有選項，換算成當下的價值。這就是所謂的「折現」**。

如果年利率是一%，那麼現在的一百萬在一年後會變成一百零一萬。寫成算式就是「一〇〇萬日圓乘以一．〇一，等於一〇一萬日圓」。反之，想知道現在要有多少錢，一年後才有一百萬的話，只要反過來想想即可，算式是「一〇〇萬日圓除以一．〇一，等於九九．〇〇九九萬日圓」。**這個一%就是所謂的「折現率」，由此算出來大約九十九萬的數字，就是所謂的「淨現值」**。

接下來，我們就用「淨現值」這個概念，來說明企業用數值比較投資案優劣時最常使用的指標。

前面我們說明過「回收年限」的概念，也就是「投資後花幾年時間可以回

本」。不過，這個概念還是有缺點。**從「回收年限」中，我們只能看出「投資後幾年可以回收」，而忽略了投資專案的全貌，也就是在整個回收年限的過程中，甚至包括回收年限之後，整個投資案的現金流量總計大概是多少。**

在投資上，懂得思考收益性，也就是去考慮「能賺多少錢」，是很重要的關鍵。而能補足這個觀點的工具，就是淨現值（Net Present Value，通稱爲NPV）。

在淨現值中，會以「現金流量總計」爲基礎，再權衡時間的影響，以釐清每個投資案的收益性高低。

具體來說，就是把不同時機的資金流出和流入予以折現，換算成現在的價值，再把換算成淨現值後的所有現金流量加總起來。

在P.135中，有一張解說B案回收年限的圖表，預設的條件是第一年投資兩千萬，之後每年投資五百萬，而且連續四年都是同樣的現金流量。若以回收年限的概念來思考，B案在過了四年之後，就可以回收已投入的本金兩千萬日圓。

然而，如圖表所示，從第一年到第四年的五百萬，如果全都改用「現值」來計算，淨現值就會成爲負值。換言之，在淨現值的概念中認爲，若以截至第四年底的價值來加總計算，就會出現虧損。

在這個案例當中，我們必須特別留意的，是在考量時間因素之後，整個投資案就會變成「虧損」的這一點。若只單純加總計算現金流量，而不考量時間因素的話，B案其實是個不賺不賠的投資。可是，考量到時間因素之後，它就成了一個「不宜推動」的案件。

在掌握投資案全貌（收益性）之餘，「淨現值」這個指標還能反映出一個概念，那就是「資金最好盡早回收」（安全性）。

POINT

淨現值是一個反映收益性和安全性的指標。

用「折現」的概念重新計算後再加總

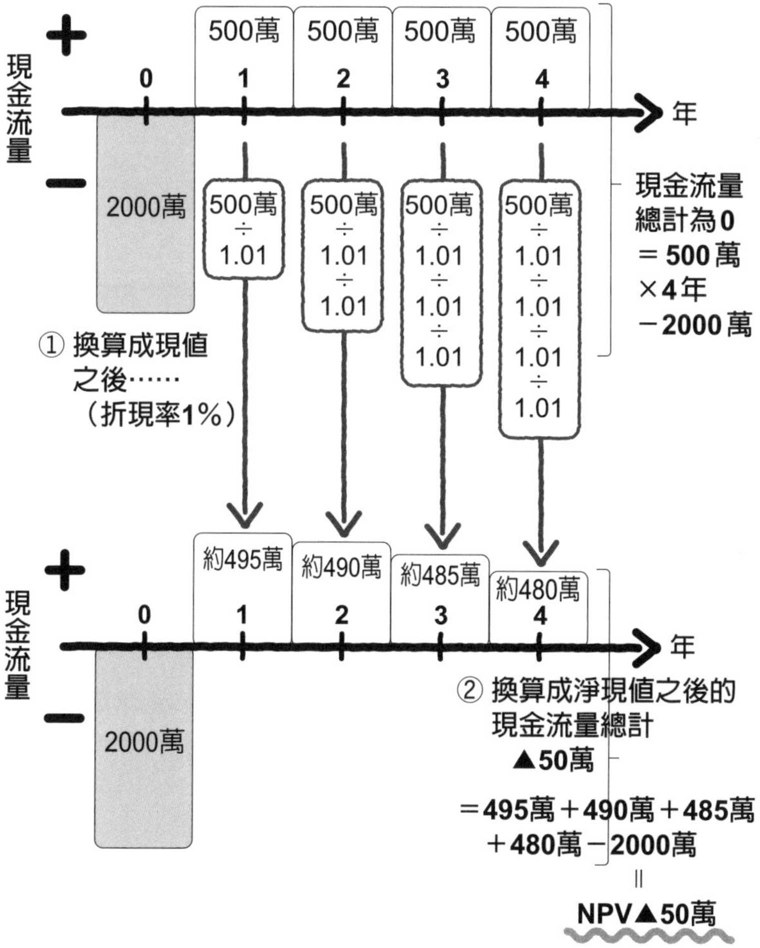
現金流量
+
−
0
1
2
3
4
年
500萬
500萬
500萬
500萬
2000萬
500萬 ÷ 1.01
500萬 ÷ 1.01 ÷ 1.01
500萬 ÷ 1.01 ÷ 1.01 ÷ 1.01
500萬 ÷ 1.01 ÷ 1.01 ÷ 1.01 ÷ 1.01
現金流量總計為0 ＝500萬 ×4年 −2000萬
① 換算成現值之後⋯⋯（折現率1%）
約495萬
約490萬
約485萬
約480萬
② 換算成淨現值之後的現金流量總計 ▲50萬
＝495萬＋490萬＋485萬 ＋480萬－2000萬
॥
NPV▲50萬

STEP

3

「比較」差異

KEYWORD

比較

唯有透過比較，我們才能權衡並判斷事物的優劣。預先訂定「判斷標準」再做比較，而不是憑主觀或經驗的突發奇想，比較有機會讓每個人都給出同樣的評價。

我在一開始就曾提過，本書的目標，是希望能幫助讀者運用財務思維，做出更妥善的決定。

在一般人無法妥善運用財務思維的原因當中，「時間價值的概念和計算太困難」是很常被提出來的問題。不過，我認為這些人真正的問題是沒有充分理解財務思維的運用步驟。

因此，在步驟三當中，我要講解的不只是計算方式，還要為各位說明在實際運用財務思維時，該如何按部就班地推進到最後「做出決策」的一連串流程。

要貫徹財務思維式的決策流程，有一個很重要的概念，那就是「比較」。具體來說，就是要依循「提出多個選項，並將判斷標準套用在這些選項上檢視，再相互比較」的步驟，最後做出決定。

在日常生活中，小從午餐吃什麼，大到買房子，許多大小事都需要做決策。多數情況下，應該都是根據當事人的判斷標準，經過比較後，才會進行決策。

在商務上也是如此。稍後我們會更仔細地剖析「比較」的流程，看看該怎麼運用「比較」，才能簡單迅速地做出決策。

在步驟一和步驟二當中，我們探討過要如何掌握包括隱形成本在內的成本，並呈現出時間差的影響。以這些概念為基礎，計算出結果之後，接著就要用這個結果來做決策，也就是步驟三要探討的主題。

在商務上，比較投資案件優劣時，內部報酬率（Internal Rate of Return, IRR）是一個常用的指標。此外，本章也會說明「加權平均資金成本」（WACC）的概念，還有以它為基礎的比較對象：臨界點報酬率（hurdle rate）。

之後，我會再把這些工具，和前面介紹過的回收年限、淨現值等財務指標做一番比較，並說明在實務上該如何應用它們。

KEYWORD 比較

所謂的「比較」，就是要著眼於「差異」

❖平時我們也會下意識地關注兩者的差異

進行比較時，只要聚焦在「差異」，就比較容易做出決策。

假設我們走進一家法國餐廳，打開菜單一看，上面寫著兩種套餐菜色。想必各位應該會先確認這兩者有何不同，例如主菜一種和兩種的差異，還是有無甜點的差異，或是有些菜色會從一道增加到兩道。

在計算過套餐價格的差異之後，各位應該還會下意識地拿這個金額，與增加的菜色之價值做比較。若想盡興地享用套餐佳餚，或許各位會覺得多花一點錢也無妨。

就像這樣，當我們實際做比較時，會聚焦在兩者的差異上。這種下意識的思考模式，在財務上非常有用。

❖ 全面地觀察差異，仔細找出究竟有何不同

以財務思維的角度而言，當我們要比較多項案件時，不會只觀察個別案件的成本多寡，而是會留意這些案件的成本差異，再挑出其中最能獲利的選項。例如A、B兩個方案之間，成本項目有共通之處，也有完全不同者。**當我們在比較這兩個方案時，就要忽視共通的成本，只聚焦在差額的部分，進而決定要選擇哪個方案。**

兩者擇一時，即使忽略其中的共通部分，也不會影響我們的判斷。只要篩選出需要比較的元素，就能加快決策的速度；把差異攤在陽光下，能幫助我們做出更正確的決策。

共通部分固然還是可以檢視，但即使忽略不看，也不會影響比較的結果，因此不具有太大的意義。倒不如更全面地觀察選項之間的差異，仔細看清楚究竟有何不同，這才是財務觀點的思維。

在步驟一當中，我曾爲各位說明過「機會成本」和「沉沒成本」。其實它們都是建立在「比較」這個基礎上的概念。所謂的機會成本，就是當我們選擇一個

選項之後，把當初若改選另一個選項時可獲得的利益視爲成本。換言之，機會成本就是以「比較」和「差異」爲前提的概念。

至於沉沒成本，則是不論我們選擇哪一個方案，都會產生的共通成本。以P.67圖中那個參加講習課程的沉沒成本爲例，不管當下選擇的是繼續上課，或是早退離席，已繳付的三萬日圓都拿不回來。兩相比較之下，才知道三萬日圓是共通的，可見得沉沒成本也同樣是以「比較」爲前提。

❖容易出問題的是與「預算」之間的差異

在企業當中，也很常運用「比較」這個舉動。

例如每個月向經營高層呈報前月的單月結帳數字時，每家公司都會在報告上加入它與去年同期和預算的對比。

與去年同期或預算數字相比，本月究竟是增還是減？原因爲何？在董事會或經營會議上，都會從這樣的觀點來進行報告、討論。

因此，爲了隨時因應經營團隊或主管的提問，基層同仁也會先做好準備，以便能用數字說明去年同期比、預算比的達成狀況。以去年同期比爲例，各部門只要確實掌握自己業務範圍內的數字，例如業務部要了解營收的去年同期比，製造部門掌握生產成本等，就可以應付。

容易出問題的是「預算」。

「成本爲什麼超出預算？請說明原因。」

想必各位心裡最眞實的想法，是「話是這樣說，但那份東加西湊才編列出來的預算，要我怎麼說明？」吧。建議各位在編列預算時，就要先編好大致的細目，以避免陷入這樣的窘境。

釐清了成本的差異數之後，再看看這些差異究竟會帶來什麼不同的效應。聚焦在「差異」上，能讓我們更輕鬆簡單地做出準確的決策。

POINT

要懂得聚焦在成本的差異數是多少，以及它們會帶來什麼樣的效應。

KEYWORD 比較

訂定自家公司的「判斷標準」

❖原始目的是什麼？

讓我們用前面法國餐廳的例子，再來想一想。

如果今天來用餐的目的是約會，要吃得盡興，那麼多幾道菜，可以慢慢品嚐佳餚的套餐，或許是比較理想的選擇。反之，如果在時間有限的情況下造訪，簡單的套餐會比較妥當。來店消費的目的需求，大致就會決定顧客選吃哪個套餐和吃幾道菜。

換言之，只要我們事先明訂符合目的的判斷標準，就很容易權衡取捨，相關人員對結論的認同度也會隨之提升。

❖用數字釐清事實

要訂定判斷標準，就要釐清自家公司重視哪些項目，確認這些項目是否合宜，也就是要釐清公司的「篩選量尺」何在。

沒有明確訂出篩選量尺的企業，其實還不少。篩選量尺不見得只有一項，或者該說多半會有好幾個。有些人會把評量結果用「◎、○、△」等符號來表示，而不使用數字。但這麼做會讓結果出現模糊空間，恐怕會引來高層「找碴」。

將評量結果化爲數字後，接著只要根據數字進行嚴謹的判斷，至少論點與程度優劣都會很明確，可能大幅降低高層挑毛病的機率。

能用數字呈現的，就盡可能量化，這是財務上的基本原則。或許各位會有「人人都能對業務部門和工廠的質化因素最好也盡可能量化。生產力進行量化，但行政部門的生產力就是無法用數字來管理」的印象，其實並不盡然。

行政部門可以量化的項目也很多，例如會計部可以是「縮短結帳時間，提早完成財報」，人事部門可以是「降低離職率」、「提升員工對公司福利的滿意度」等。只要可以量化，那麼進度管理應該也會變得容易許多。

在P.97提到的那家銀座旗艦店，開設的目的不是要獲利，而是要打廣告、做宣傳。既然如此，那麼這家店營運成果優劣的判斷標準，就不是獲利表現。

可是，在實際的商務運作上，永無止盡的虧損還是會讓公司很頭痛。所以要預先設定上限金額，例如「全年虧損控制在兩億日圓以內，就允許它繼續營運」等等。

這個案例的判斷基準，可以匯總如下：

「優先順序是以廣告宣傳費擺第一，其次才是獲利，不過全年虧損要控制在兩億日圓以內。」

像這樣整理之後，公司應該就能了解設置銀座旗艦店的意義和效益，並進而爲該店全年度容許的虧損上限是多少，事先訂定出明確的標準。

❖依策略做決定

量化標準儘管可靠，但更重要的是，確認「判斷標準是否符合公司策略」。

以愛麗思歐雅瑪（IRIS OHYAMA）這家公司爲例，雖然它不是專業家電製造商，但家電產品都很有特色——功能不花俏，價格相對便宜。據說他們在研發之前，還會請員工使用其他廠商的產品，站在消費者的立場提供意見，以確實評估產品功能需求。在刪減不必要的功能之後，就能以比較低廉的成本進行研發和生產。

就一般家電製造商而言，多數商品都是功能包山包海，價格也都在偏高水準。而愛麗思歐雅瑪在家電業界中採取了兩項策略：訴求與他牌產品不同，功能不花俏的「差異化策略」；同時又祭出能以親民價格供應的成本領導策略（Cost Leadership Strategy）。

想必愛麗思歐雅瑪擅長的「功能討喜」這個強項，以及「物超所值感」，都是他們在新產品研發方面的判斷標準。爲了確保「物超所值感」，在研發新產品時應該會先設定親民的價格，再以此爲前提進行相關評估。反之，我們也可以大膽地推測，「功能多樣性」並未列入他們的判斷標準。

就像這樣，判斷標準要根據策略來決定。所以，每家企業的判斷標準不見得都跟其他同業一樣。

❖若有多項判斷標準，就要為它們排定優先順序

判斷標準可以有好幾項，不見得只有一個。有多項判斷標準時，就要先爲它們排定優先順序。

實務上，當幾個待評估的案件浮上檯面後，我們就會去思考「爲什麼這些案件值得評估」，並把這樣的觀點列入「判斷標準」的候選項目。

換言之，就是在收案的同時，訂定出案件核准或駁回的判斷標準。進行「比較」時，最重要的關鍵，就是要避免在準備做出判斷的最後階段，才倉促訂定判斷標準。

❖團隊重視的標準，要和所有成員達成共識

企業的設立是以營利爲目的，原則上都很重視獲利。

通常企業在評估投資案時，都會著重營收的表現。但是，那種只會帶來營收成長卻虧損連連，最後讓公司一無所獲的案件，還是能免則免，這才是公司之福。如果這項投資會把其他事業賺來的獲利侵蝕殆盡，倒不如安分守己，不要輕

舉妄動，對公司整體而言獲利更多。

不過，採取「第一名策略」的企業，可能會願意在明知虧損的情況下，暫時破例決定投資某些個案。

假如A案可望帶來十億日圓營收，但獲利趨近於零；B案則可望帶來兩千萬日圓的獲利，但營收只有八億日圓。企業究竟該優先投資哪一個案件，要根據自家的經營策略來權衡。

若是營收至上的企業，即使毫無獲利，也會選擇投資營收十億日圓的案件；若是以獲利為判斷標準的公司，就會選擇獲利較高的投資，即使營收稍微委屈也無妨。

在某些情況下，企業可能明知一開始就要先虧損一千萬，還是願意投資可帶來十二億營收的案件。例如，當企業願意把那一千萬的虧損，視為爭取市占率的成本時，這樣的判斷在經營決策上的確有可能發生。

如果因為執行這項投資而讓公司成為市場龍頭，後續公司的品牌力和顧客的忠誠度都會隨之提升。這等於是繞了一圈之後還是能貢獻獲利，那麼公司就會願意核准。

但是，這份「品牌力」眞的有一千萬的價值嗎？只要能拿出數字來說服衆人，長官應該就會願意做出決策。

這裡我們探討的主題，是「判斷標準」。

要以什麼項目來當作主要的判斷標準？要以什麼根據來決定優先順序？

基本上企業都是以獲利爲優先考量，但遇有特殊案件時，即使知道會出現虧損，也要優先爭取營收——這不失爲一種經營方針。

問題是有些個案是在毫無策略的情況下，衆人就心照不宣地決定如何排列判斷標準的優先順序。

企業在做決策時，數字並不代表一切——這也是一種財務思維。重點在於，所有相關人員都要對評估投資的核准或駁回時所重視的標準具有共識。

POINT

千萬不能在毫無策略的情況下，就心照不宣地決定如何排列判斷標準的優先順序。

KEYWORD 比較

列出全部的選項後再做比較

❖廣泛思考各種方案後再篩選

訂出判斷標準之後，就要毫無遺漏地列出所有選項。這時候我們要廣泛思考，試想有哪些符合判斷標準的方案。

「在筋疲力竭的週末，我實在不想打掃。」

假設我們有這樣的煩惱，那麼「週末的時間不想被打掃占據」、「輕鬆簡便不麻煩」等，應該是相當重要的判斷標準。但現實問題是：成本應該也是一個舉足輕重的判斷標準。

比對過這個判斷標準之後，我們最先想到的方案是「倫巴」掃地機器人。不過，市面上還有其他同類的產品，例如iRobot公司的掃地機器人布拉瓦

（Braava），或是國際牌（Panasonic）的勒洛（RULO）等。除此之外，可能還有其他的選項。總之，在這個階段，要像這樣廣泛思考各種可能的選項，別預設立場。而且這樣還不夠，因爲家裡可能還會有人提出「請個家事管理員如何？」之類的意見。

各位在職場上，應該也被主管問過「評估過這個方案了嗎？」之類的問題，這種會翻轉整個局面的意見一出現，可能會讓我們必須從零開始重新評估，應該盡量避免這種情況。我們必須根據目的和判斷標準，排除先入爲主的偏執，廣納各種方案。

廣納各種方案之後，接著就要篩選。**各位只要學過引導（Facilitation）或邏輯思考等商務技巧，就會看到「擴散和聚斂」這個說法。在財務上也是一樣，先是廣泛思考，接著就要進行篩選**。

舉例來說，如果掃地機器人的性能都大同小異，那麼低價者就會是值得留下的候選方案。

這個作法在職場上也很有效。

以剛才主管那個「評估過這個方案了嗎？」的提問爲例，如果你事先已經評估過，就能回答：「我是在評估過後才排除的。」尚未評估過的狀態和評估過才排除者，說服力可是天差地遠。

❖比較時要著重「差異」

當幾個方案都到齊時，最後要做的就是「比較」。此時我們眞正要做的，就是聚焦在幾個方案之間的差異。

我們就用週末的打掃問題爲例，再請各位想一想。當我們已經事先訂定判斷標準，並且排出重要程度依序是省時效果、麻煩程度和成本時，就可以針對這幾個項目，分別蒐集各個方案的資訊。接著再看它們彼此之間的差異有多少，進而做出最後決定。

如果掃地機器人和家事管理員，都能讓我們把打掃時間降爲零，那麼計算下來，等於是可以省掉過去每個週末花在打掃上的兩個小時。

其次是各個方案的麻煩程度不同。要請家事管理員，就得每次先預約，還要向他們說明掃具在哪裡、該打掃哪些地方等，程序很繁瑣；掃地機器人則是需要一些機器特有的保養維修。如果能把這些事都換算成時間，應該就很容易比較出優劣了。如果覺得換算太麻煩，不妨想想哪個選項衍生的手續會讓自己感到提不起勁，也是一個辦法。

像這種時候，最好先逐一量化能備妥數字的項目，以便進行比較。

商務上，當企業評估投資案時，也會列出多個方案。面對「工廠的機器舊了，想要汰舊換新」的想法，我們就要評估費用和投資效益，好讓公司高層同意這個提案。

我們可以準備三套方案，其中也包括我們心中最屬意的選項。接著，再把它們的回收年限長短、生產力高低、操作效率等予以量化，反映在各方案的評價上，就能增加提案內容的說服力。有了這些資訊，即使是由多位相關人士來做決策，也不容易出現預期之外的結果。不僅如此，這些資訊還可以幫助我們簡化後續的驗證作業。

簡言之，就是要全面地提出多項方案，並將各個方案的特色量化。這樣看似大費周章的作業，其實可以避免我們的工作成果被退件而得重做的情況。

POINT

要全面地提出多項方案，並將各個方案的特色量化。

KEYWORD 比較

同時評估多個方案時，就用「臨界點報酬率」

❖「至少要賺這麼多」的投資報酬率標準

如前所述，同時拿出多個方案並陳，是商務上很重要的評估手法。因此，企業裡常用「臨界點報酬率」這項指標來當作判斷優劣的標準。

所謂的「臨界點報酬率」，就是公司推動該項方案之際，最低限度必須賺到的獲利。一個專案究竟需要多少營收，才能不虧損？這個數字在會計上稱爲「損益平衡點」。企業會把它當作營收目標。

臨界點報酬率可以說是財務版的損益平衡點。換言之，它是我們在進行投資時，最低限度必須達到的投資報酬率水準。

❖報酬率高於籌措資金所需花的費用（加權平均資本成本），才符合標準

我在P.126提過「資金是最花錢的事」。訂定臨界點報酬率時，這句話就是準則。

企業主要會用兩種方式來籌措資金：向銀行等機構借貸，就是負債；向股東募資，就是資本。負債會有利息，資本則有配息等成本，任何人都不會願意無條件借錢給別人。

公司要籌措一筆資金時，平均花費的利息和配息等成本，在籌措而來的資金中所占的比例——這個計算的結果，就是所謂的「加權平均資本成本」，英文是Weighted Average Cost of Capital，簡稱WACC。

所謂的投資，是「以賺錢爲目的」的活動。因此，投資的獲利就必須高於籌措投資本金所花的成本。

一般而言，上市公司的加權平均資本成本平均是五%到六%。也就是說，想爭取這些公司核准的投資案，投資報酬率都要在六%以上。不過，籌措資金所需

要的費用，會因爲企業的公信力等因素而有所不同，所以每家企業對加權平均資本成本的要求也不盡相同。

嚴格說來，企業不應同意那些投資報酬率和加權平均資本成本打平的投資案，因爲這麼一來，就代表投資後能回收的金額，只不過是等同於籌措資金所需的費用罷了。換句話說，這項投資沒有獲利，或甚至可說是白忙一場。

因此，**用來決定投資案件是否放行的「臨界點報酬率」，要設定得比加權平均資本成本更高**。要把公司期望的獲利，加到加權平均資本成本上，才能訂出臨界點報酬率。

加權平均資本成本的計算相當複雜，交給財務部門等專家處理也無妨。各位隸屬於公司的事業部門，站在提報投資案的立場，懂得臨界點報酬率的概念，會比知道加權平均資本成本來得更重要。若懂得臨界點報酬率的概念，呈報提案時，就只要提報符合這項指標的條件即可。

「臨界點報酬率」就是投資可否執行的「臨界點」。只要事先掌握這個重點，提報的案件應該比較容易通過。

❖「臨界點報酬率小於內部報酬率」是必要條件

投資案本身需計算出投資報酬率，以便與臨界點報酬率做比較。而這個投資報酬率，就是所謂的內部報酬率（Internal Rate of Return, IRR）。

內部報酬率是計算投資案件時的一個指標，以百分比來表示。它和淨現值一樣，都是同時考量時間價值和收益性的工具，在企業中很常使用。它的概念是把投資案當作金融商品，並以複利來計算出每年的平均投資報酬率。

不過，內部報酬率的計算也相當龐雜，甚至需要動用EXCEL。若您隸屬於事業部門，那就只需要了解它的基本概念即可。

在實務上，內部報酬率要拿來跟臨界點報酬率做比較，而且「內部報酬率大於臨界點報酬率」是企業核准投資案件的必要條件。

POINT

投資案的內部報酬率大於企業內部評估標準「臨界點報酬率」，是企業核准投資案件的必要條件。

KEYWORD 比較

妥善運用「金額（淨現值）」與「內部報酬率」來比較

❖在不同國家，對投資案要求的投資報酬率都不同

假設現在公司有兩個投資案，一個在日本，一個在開發中國家。兩者的投資條件相同，金額規模都是一億日圓。各位會對這兩個投資案分別要求多少投資報酬率呢？

想必大多數人都會對在開發中國家的投資案，要求比較高的投資報酬率。畢竟當地的經濟和政治環境不如日本穩定，大家往往會特別提高警覺，擔心投資失利的機率是否偏高。其實在財務思維當中，也加入了這些考量。

跨國企業會依國別不同，而設定不同的臨界點報酬率，例如日本是三％、中國是五％等，根據投資案的所在地，訂定各國不同的投資報酬率標準。原則上，

除非獲利預估高於臨界點報酬率，否則公司就不會核准這項專案。所以，同樣的投資案，可能地點在日本就會核准，在其他國家就會被駁回。

身爲企業、組織的一員，投資案所需的資金並非我們自己奔走而來，所以不會時時念茲在茲。而當預估獲利無法高於公司期待的投資報酬率時，這種個案在財務上就可稱爲虧損案件。

若投資案的投資報酬率無法超過籌措資金所需的成本，倒不如按兵不動，這樣至少不會有籌措資金的成本產生。

此外，當檯面上有多個投資案時，企業會優先選擇投資報酬率最高的方案。從財務的觀點來看，**企業為了將有限的資金做最有效的運用，優先放行高投資報酬率的案件**，是經營上的基本原則。

❖淨現值與內部報酬率併用

淨現值比較的是金額，但有時用年利率來比較，會讓優劣更一目了然。既然企業內部預先設定的臨界點報酬率是用百分比來呈現，那麼使用同樣以百分比來表示的內部報酬率，比較起來會更簡便。

其實淨現值和內部報酬率的關係是互爲表裡，差異只在於單位是金額或投資報酬率。只要能隨時留意這個概念，那麼各位運用的觀點就會和那些天天都在評估多項方案的董事會或經營團隊一樣，而不再只是事業部的基層承辦窗口。

假設現在有三項投資案，金額分別是兩千萬、兩億和二十億日圓。由於金額不同，所以評估的指標數字也會有所不同。光是用金額來比較，恐怕會因爲投資規模的差異，無法做出正確的判斷。此時我們只要用年利率來比較，就可以知道哪一項投資案的投資報酬率表現最佳。換言之，我們會先關注的，是內部報酬率較高的投資案。

接著，我們才會檢視每項投資案的獲利金額多寡，也就是觀察淨現值的表現。

當內部報酬率的百分比相同時，若淨現值分別是一百萬和一億日圓，那麼我們就該優先選擇投資一億日圓的案件。畢竟執行一項投資案，要處理的事項多如牛毛，我們當然會想選擇最終能帶來高額獲利的案件。

不過，如果我們能動用的金額只有十億日圓，那麼這個金額就是天花板。一項需要投資二十億日圓的專案，即使內部報酬率再高，我們都只能袖手旁觀。也就是說，在實務上，「初期投資成本」的多寡也會是判斷標準之一。

就像這樣，商務上通常都會合併使用淨現值和內部報酬率。

當有多項投資案並陳時，要分別爲它們**準備不同特性的指標，有的看金額，有的看投資報酬率，才能讓決策過程更順利**。

本章中所介紹的淨現值、內部報酬率和回收年限，是在企業當中常使用的三大財務指標。

我將這三大指標的單位，以及它們能否評估專案的兩大關鍵——安全性和收益性，還有它們的數值該如何評價等內容，匯總如下一頁表格。若你隸屬於事業部門，那麼在這裡要學習的重點應該是像這張表格這樣，理解各項指標的意涵，而不是計算方法。

實務上，這些數字會由會計部等專業人士來計算，各位不見得一定要深入了解算法細節。不過，**為了計算出這些數字，需要知道專案「在何時會發生哪些成本」。而我們是否能毫無遺漏地提供正確資訊，才是關鍵。**

3大財務指標的決策重點

① 指標（單位）	② 安全性（時間短）	③ 收益性（獲利高）	④ 評價方法
回收年限（年）	可判斷	不可判斷	愈短愈好
淨現值／NPV（金額）	可判斷	可判斷	愈高愈好
內部報酬率／IRR（%）	可判斷	可判斷	愈高愈好（且最好高於公司的臨界點報酬率）

所以，我們在步驟一探討過的「成本」議題，要請各位確實地了解當中的內容重點。

有些人會問我：「在這三大指標當中，哪一個最重要？」

就結論而言，應該說每家公司關心的重點，會因行業和公司文化等因素而不同。最好能先釐清自家公司重視哪一項指標，再從該項指標切入，逐步加深對三大指標的理解。

POINT

「回收年限」、「淨現值」和「內部報酬率」是三大財務指標。

KEYWORD 比較

為最糟的情況做準備

❖ 事先預想意料之外的情況

假設現在公司內部的意見，已經大致朝「在國內建置新廠」的方向整合。那麼接下來，我們就要針對所有想得到的預期狀況進行試算。

我們要試算的項目，包括「產生效益需要幾年」、「初期投資成本的金額」，以及最具代表性的「營收金額」。

在步驟一，我曾經提到「成本預估比營收預估更重要」、「營收取決於顧客和市場，故不易預測」等內容。**針對這些公司內部難以掌控的事項，因應之道就是要透過廣泛地試算、推演，看看在財務上可能出現什麼樣的情況**。

假設最有可能的情況是「在新工廠生產的產品，營收達二十億日圓」。此時我們要做的，就是預測營收更好及更差時的情況，並以量化的形式，評估營收變化可能帶來什麼樣的影響。

若要比較的話，預測產品銷量欠佳時的營收數字，其實更重要，因爲要確認在最糟的情況下，究竟會出現多少虧損，同時還要對照自家公司目前的財務狀況，看這些虧損是否在容許範圍內。萬一損失實在太嚴重，就要評估是否以降低初期投資成本的方式來因應。

只要預先做好這些試算，就會知道營收惡化到什麼程度時必須思考因應對策，可以提前做好準備。

我曾聽說某家對投資態度相當積極的電信巨擘，在評估收購案時，會試算兩千套方案。案件規模愈大，當然更要設想所有可能的情況，不過這些沙盤推演**最重要的精髓，還是「事先預想意料之外的情況」**。

POINT

方案內容底定之後，就要針對「效益顯現所需年數」、「初期投資成本的金額」和「營收金額」等項目進行試算。

STEP

4

「拆解」元素

KEYWORD

拆解

當數字過於龐大時，我們很難對它萌生真實的想像。所以要把數字的內涵拆解成自己能想像的元素，就能看清龐大數字的真面目。

「拆解成自己能想像的元素」，這是財務思維的基本原則之一。

尤其是商務上那些位數很多、難以理解的數字，更是如此。所以，為了讓我們在討論議題時，對數字能有一定程度的想像，要把數字轉換成小單位，或是用乘法加以拆解。

當年我在日本麥當勞公司服務時，每年的來客總數約有十四億人次。「十四億人」這個數字，大幅超越了日本的總人口數，根本無法想像。於是我把它轉換成以下這樣的單位來理解：

「大約等於全日本一億兩千五百萬的國民，每人每月都會來麥當勞消費一次的數字。」

實際情況當然不可能是如此，不過改用這樣的單位呈現之後，我就能想像當時的來客數是多麼可觀。報章雜誌很擅長做這方面的換算，能巧妙地透過單位來啓發讀者的想像。

「拆解」的效果還不僅止於此。在企業當中，員工是分工推動各項業務，因此要透過訂定關鍵績效指標（Key Performance Indicator, KPI），讓員工把工作當成自己分內的事。此外，關鍵績效指標還有一個效果，就是能促進員工思考一些有益改善的行動。再加上它又是量化的指標，能讓進度管理更簡便。

關鍵績效指標是推動公司業績向上攀升的一套機制。想洞悉關鍵績效指標，關鍵不在於明白它的定義或算式，而是要確實理解「關鍵績效指標有何助益」；而能否成功洞悉關鍵績效指標，則要看各位設定的關鍵績效指標是否符合公司需求，以及優先順序夠不夠明確。

在本章，我們要探討的是在公司決定推動某項投資案後，進入執行階段時所需要的「拆解觀點」。我會針對拆解「關鍵績效指標」的重要性、效果、實際拆解方法及運用方式等進行說明。

KEYWORD 拆解

數字愈大，愈要拆解成小單位來思考

日本全國大約有五萬五千六百家便利商店門市（截至二〇一九年十月統計數字）。聽到這個數字，各位可以判斷它究竟是多還是少呢？只要把它拆解成平均每多少人共享一家門市，或是換算成其他單位，就會變得更簡單明瞭。

現在，全日本的總人口數約為一億兩千六百萬人，用全國便利商店的門市總數來除，就可以算出平均每兩千兩百七十人共享一家店。換言之，只要商圈人口在兩千人上下，就值得便利商店來展店。

❖先拆解，再比較

龐大的數字，或是令人根本摸不著邊際的數字，都可以經過這樣的拆解，化為較小的單位，就會變得比較容易理解。若想讓數字更明瞭易懂，還可搭配在步驟三說明過的「比較」手法，一併使用。

日本全國大約六萬九千家牙醫診所（截至二〇一八年十二月統計數字），光看這個數字，實在令人搞不清楚究竟是多還是少。不過，有時只要和其他事物比較一下，就能變得更簡單明瞭。

如果與剛才提過的便利商店數量相比，會呈現什麼態勢呢？用日本的總人口除以牙醫診所的總數，算出來約莫是一千八百二十六人。我們用「每一千八百二十六人就有一家牙科」這個數字，來跟「每兩千兩百七十人就有一家的便利商店」比較一下。

於是我們會發現：牙科診所不僅比便利商店還要多，而且每一據點的平均人數，差距竟然超過四百人。因此我們可以推測：牙科診所的競爭相當激烈。

透過像這樣的拆解，就能讓龐大的數字變得比較容易理解，而且具有化繁為簡的效果。

同樣的，當我們聽到「每年平均會發生三萬件瑕疵」時，會覺得數量好像很多，究竟該如何解讀才好呢？

假如全年的產量是一百萬個，那麼瑕疵發生率就是三%；如果產量是一億個，那麼瑕疵發生率就是〇．〇三%，變得相當低。除非是生產醫藥品，否則後者的瑕疵發生率或許可以說是「無可厚非」的水準。

像這樣追蹤「發生率」的數字，而非「發生件數」，即使日後每年的產量有變動，還是可以正確掌握瑕疵的發生狀況。

❖考慮導入員工福利時

當以下這樣的案件浮上檯面時，我們該如何解讀才合理？

公司想針對所有員工實施一項新的福利。實施所需的費用是四千萬日圓，但不知道這個金額是否合理。同樣是四千萬日圓，在大公司和小公司所代表的意義可是天差地遠。

我們試著把這個數字，換算成每人平均金額。

員工一萬人的企業，和員工一千人的公司，每人平均金額的差異，會從四千日圓變成四萬日圓。若以前述的金額爲前提，那麼就這個方案的內容來看，我們可以這樣解讀：四千日圓是便宜，而四萬日圓則是太多。

要比較同一時期呈報的不同案件時，只要使用共通的單位來比較，就算投資案的性質不同，仍然可以放在同一個天平上來衡量。**尤其選用適合比較、容易想**

像的單位，就愈能判斷數字的高低、優劣。

如果只是一個個冰冷生硬的數字，人根本無法妥善處理，更難以判斷它們是否正確合理。**我們需要運用一些巧思，例如拿出實績數字，再加入每單位的平均數字，並列出類似案例，做成圖或表，讓接受資訊者能理解這些數字所代表的規模，以便進行比較。**

❖ 透過拆解來串聯記憶

在商務上要權衡、判斷時，經常要面對「究竟是不是一件大事」的問題。事情的規模大小不同，麻煩程度也不同，因此最好先予以釐清。此時，我們可以仰賴的工具，還是數字。

最近，我常看到麥當勞的門市把點單櫃檯和取餐櫃檯分開設置。我想這應該是考量過工作效率之後，所做的改變。畢竟他們對於「如何更有效率地把商品送到顧客手上」，有著分秒必爭的堅持。

若每組客人的等待時間能縮減〇．一秒，會帶來什麼影響呢？每縮短〇．一秒，所有門市可以節省的時間，相當於四．四年。這是乘上每年平均來客總數後，所計算出來的數字。所以，如果我不記得「十四億人」（當年我還在職時的數字）這個數字，就無法立刻計算出結果。

各位或許會覺得才區區〇．一秒，但究竟到最後會帶來多大的影響，還是要試算過才知道。

因此，各位最好平時就記得自家公司在商務上的一些關鍵數字。我們不需要記得太精確的數字，畢竟如果只是拿來計算影響程度，數字只要約略即可。如果再考量到近來商業決策的速度，數字更是要能當場計算、當場答覆，而不是後續再查，才最有價值。

POINT

若能先拆解數字，對它有個約略的印象後，再記憶起來，日後就能在需要時，瞬間正確判斷事情的規模。

KEYWORD 拆解

拆解後就能看見該採取的「行動」

❖為可掌控的項目排列優先順序

您是否曾經仔細看過家中的電費帳單呢？

帳單上的主要部分是當月電費，但一旁還會用小字寫出「本月用電量」、「前月用電量」、「去年同期用電量」等資訊。「金額」這個主角當然也很重要，透過檢視它的多寡，來判斷用電太多或省電有成，方向並沒有錯。

然而，實際上對電費改善較有助益的，其實是用電量。

電費基本上是取決於「單價×數量」。不過，電費單價是由電力公司決定，是我們無從改變的元素。儘管近來因爲電業自由化，用戶的選擇變多，例如可以改選單價較低的電力公司，或選擇瓦斯、電力用同一家廠商，費用較優惠等。然而，一旦選定業者之後，除非自己努力省電，否則電費就不會有太大變動。既然如此，我們在每月電費帳單明細上要特別留意的，就只有「用電量」而已。

若發現用電量增加，我們可以回顧自己的用電模式，採行改善對策。例如檢視自己是否離開房間時忘了隨手關燈，或冷氣、暖氣的溫度設定過低、過高，電視音量是否太大等。

會把焦點放在電費金額的推移上，確實是人之常情。電力的供應單價雖然不是每個月調整，但的確會受到原油價格的影響而波動。即使如此，我們實際上能透過改變自身行爲來影響電費高低的，就只有「用電量」這個項目。

行動電話的費用也是一樣。在各位斷定「費用變多是因爲自己使用量太大」之前，建議不妨先正確地拆解通話時數和傳輸量等因素，做更進一步的檢驗，有時或許改換其他的費率方案會更好。總之，就是**找出屬於他律、個人無力改變的部分，以及出於自律、可憑個人意志改變的項目，並留意它們的推移、變化。**

在財務上，我們會為這些項目排列出優先順序，再加以管控。

❖「消費滿七百日圓」才能抽獎的原因

在商務上，我們會如何使用這樣的拆解手法呢？

便利商店有時會舉辦抽獎活動。凡消費滿七百日圓，就能抽獎一次。辦這種活動的原因，也可以用小單位的思維來解釋。

營收可以用「來客數×客單價」來表示。當便利商店想提高營收時，可以想到的選擇就是增加來客數或提高客單價。最理想的狀態，當然是兩者同時拉抬，不過以抽獎活動而言，主要的貢獻是在於「提高客單價」。

據了解，便利商店的客單價約爲六百五十日圓，很難再大幅提升。不過，只要顧客願意多買一項商品，多少能拉抬一點客單價。於是業者便想到了「抽獎」這個方法。

要讓顧客多買好幾項商品，確實有困難；但只是再多買一項商品，難度就不至於太高，因此抽獎的門檻就巧妙地設在這條線上。

通常平均客單價都是六百日圓左右，但只要加到七百，就能參加抽獎。我想應該有不少人會願意從收銀檯旁的百圓商品當中，多買一項商品湊足七百日圓吧。

便利商店也是看準了這一點，才會在收銀檯附近擺放口香糖、日式饅頭等百圓上下的商品。除了要吸引顧客「順手買」之外，也是爲了引導顧客參加抽獎。

至於抽獎門檻爲什麼是七百，而不是八百或六百，其實就是從這些數字當中推算出來的結果。

舉辦像抽獎這樣的活動，是要拉抬來客數或客單價嗎？要拉抬多少？這些都取決於公司的策略。誠如我在步驟三提過，**我們需要有一套標準，來為這些拆解出來的數字做最終判斷。而用來訂定標準的依歸，就是策略**。

此外，乘法計算的分解也與「全面地提出多項方案」有關，因爲用乘法分解出來的元素，就是全面性的。我在P.7談過「彼此獨立，全無遺漏」（MECE），就性質上而言，「數字的因數分解」就是一種「彼此獨立，全無遺漏」的作法。

POINT

為那些可憑個人意志改變的項目排列優先順序，並加以管控。

KEYWORD 拆解

拆解後就能做到即時的「定點觀測」

❖要找出其他便於管理的數字時，拆解也很重要

公司的業績好壞，最終還是要看獲利高低來判斷。然而，看到會計部門同仁總是拚了命地結帳，就知道統計這些數字很花時間。因此，在實務上，各部門不會直接掌握公司的獲利數字，但會明訂出哪些數字與自己的業務有關，並定期確認它們的進度狀況。

這就像健康檢查報告出現「建議複檢」的項目時，我們會採取的因應一樣。舉例來說，即使在驗血時發現血糖有異狀，但要我們每天測血糖，還是有難度。因此，雖然我們只有在每兩個月回診時才測血糖，但平時還是會透過血糖以外的數值來管理健康狀況，例如減少飯量、每週上兩次健身房、每天量體重等。

在每項業務的最前線，定點觀測所有可以立即掌握的數字，就能即時發現問

題並因應。而這些數字，就等於是獲利表現的「先行指標」。

即時掌握變化，是爲了要即時因應。

儘管用數字來管理及掌握情況的效果極佳，但萬一取得數字是曠日費時的事，那麼建議各位可以改用其他容易取得的相關數字，例如業務部門可用接單金額和銷售量，製造部門可用瑕疵品的數量等，效果會更好。要找出其他便於管理的數字時，「拆解」的確是很有效的工具。

POINT

只要先拆解，就可以定期觀測數字的變化。

KEYWORD 拆解

拆解後能讓工作變成「分內的事」

❖將目標拆解成「什麼人」、「做哪件事」、「要努力到什麼程度」

公司是由各部門及各業務承辦人分工合作，來推動各項業務的。因此，公司裡會有好幾套用來分工的機制。

「組織圖」具有釐清各部門關係的功能，「職掌規範」則是用來定義每個部門的功能。在國外或外商公司，不僅會定義部門的職掌，就連對個人的職務內容，也會用具體的文字描述來定義。這份文件稱爲「工作說明書」，它的存在讓每位員工都能如公司期待地各司其職。

以往，日本企業重視的是「默契」，所以許多企業似乎都沒有明確地釐清個人角色和職務。

不過，近年來，以數字設定工作目標的企業愈來愈多。這種作法是試圖以

「目標」這個「結果」來定義工作，而不是像國外的工作說明書那樣，以「業務內容」這個「過程」來定義工作。

若日後要進行考核，那麼用數字來設定目標，考核就比較簡便。因此，要求以量化方式設定目標的企業，也有增加的趨勢。

很多企業會以「營收增加〇億日圓」爲目標，但這樣的目標其實並不完整。營收是由公司的多種商品貢獻而來，每項商品的單價也不盡相同。只用一句「營收增加〇億日圓」來總結，員工還是搞不清楚每一項商品究竟該如何拉抬業績。有些商品或許因爲生命週期的關係，已經到了無法貢獻更多營收的階段。

尤其是那些銷售家用產品的公司，業務部門有時無法決定商品的單價。如此一來，以「數量」來設定業務部門的目標，或許是更理想的選擇。畢竟當我方無法控制單價時，就只能從控制數量下手了。

要懂得把可掌控的部分，交給能掌控的人，讓他把這個任務視為分內之事，這才是拆解目標時的關鍵。

❖應該隨時意識到個人目標數字的兩個原因

「你該達成的是哪個數字?」

若要對自己的工作負起責任，就必須要能確實地回答這個問題。然而，有人說在日本企業任職的上班族，根本就答不出來。我曾經在外商公司服務，就我的認知而言，這句批評的確是所言不假。

建議各位先從時時想到自己負責的數字、必須達成的數字開始做起。若你隸屬於業務部門，年度、半年、每季、每月的營收目標，應該都很明確。不過，業務部門是特別簡單明瞭的例子，對其他職務的員工而言，目標就顯得模糊許多。

照理來說，「指標」在每個職務上都很重要，應該透過數字明確地標出各項職務必須產出的成果，因爲公司的任何業務都會連結到「獲利」這個數字，而所謂的工作就是大家分工承擔這些目標。

製造業都會有「良率」等指標。若各位是商品生產線的負責人，就可以考慮設定「將現有良率○%改善至△%」，或「將作業工序所需時間從○分縮短到△

分」等以數字爲基礎的任務。

如果各位是在人事部門負責勞務工作，就可以「年度離職率由現在的○%，改善至△%以下」等內容爲目標。

面對眼前一件件的工作，我們不應該茫然地或不假思索地做，而是要先將目標量化，再思考如何達成目標，並力行實踐。此時，要特別留意的是必須以量化的方式來思考，而非質化；要重視的是結果，而非過程。

上班族應該隨時意識到個人目標數字的原因有兩個。

一是因爲它能幫助我們擬出一套標準，讓我們取捨、篩選出自己究竟該做哪些事。「究竟要做什麼事才能獲得公司的肯定？」只要釐清這一點，我們就會懂得開始思考生產力和效率的問題。

如果各位的任務是要提升員工對福利的滿意度，就應該諮詢福委會外包業者，或觀察其他企業的作法。只要釐清工作取捨、篩選的標準，各位自然就會得到公司的肯定。

另一個原因是能爲公司做出更妥善的決策。

當各位能爲公司做出更妥善的決策時，在公司的評價就會愈來愈好，進而有機會嘗試更好的工作。只要步上這樣的循環，不僅會爲公司帶來獲利，也能駕輕就熟地運用數字，向公司提報任何自己想做的企畫。

POINT

不用質化，而是用量化的方式，將自己的目標化為數字。

KEYWORD 拆解

企業裡充斥著關鍵績效指標

❖已排定的優先順序，要不厭其煩地告知團隊成員

「透過拆解，就能看見該採取的行動，還能定點觀測，並讓工作化爲每位員工分內的事。」

因爲拆解目標數字具有這三種效益，所以近年來，有愈來愈多企業導入關鍵績效指標（KPI），以便對個人和部門的績效進行量化考核。

乍聽之下，各位或許會覺得關鍵績效指標很艱澀，但它其實只是用乘法的方式，拆解出「該致力投入什麼事」、「該付出多少努力」，就像是向量的方向和長度一樣。

任何管理工具的最終目的，都是要提升公司的業績。因此，各部門都設有關鍵績效指標，部門員工也朝著達成關鍵績效指標而努力邁進。於是，企業裡就充斥著許多關鍵績效指標。

然而，各部門設定各自的關鍵績效指標之後，有時會讓這些指標形成彼此排擠的關係，因爲當各部門只顧著達成自己的關鍵績效指標時，到頭來就會互扯後腿，最後甚至對公司的業績改善毫無幫助。

所以，關鍵在於公司內部的優先順序排列。

當年我在日本麥當勞服務時，總經理原田泳幸總是不厭其煩地說「先專心提高來客數」。當一家企業想提振低迷的營收時，可以把營收拆解成「來客數」和「客單價」，兩者同時拉抬的效果最佳。然而，這兩者基本上是呈現彼此排擠的關係，提高客單價，來客數就會下滑。因此，原田總經理選擇先聚焦在來客數，等來客數恢復到理想水準，再拉抬客單價，也就是採取「時間差策略」。總經理先訂定出公司改善的優先順序，再不厭其煩地向員工布達，各部門就可以放心地思考提升來客數的措施。

為了讓員工能把公司目標當作分內的事，並思考自己該採取的行動，第一步就是要由經營高層不斷向員工傳達正確的目標內容。這一套作法也可以套用在主管對各部門員工的態度。

POINT

先訂出「現在該致力投入什麼事」，再不厭其煩地告知團隊成員。

KEYWORD 拆解

關鍵績效指標要根據行業特性來決定

❖ 零售業是「既有門市營收成長率」，製造業是「工廠稼動率」

零售業公布財報時，一定都會出現「既有門市營收成長率」這個關鍵績效指標項目。它是用來比較去年已存在，今年也還有的門市，在營收表現上有多少成長的一項指標，新開幕門市的營收並不包含在內。

這個數字會如此受到重視，想必是因爲它展現了品牌本身實力的緣故。零售業是在門市販售商品的行業，只要門市數量增加，營收當然也會隨之提升。因此，這個指標就是扣除了新門市的影響，單純只聚焦在既有門市的成長時，所得到的數字。

在製造業則是會關注「工廠稼動率」（稼動率又稱產能利用率）。據說，卡樂比（Calbee）公司的前董事長松本晃，當年走馬上任之初，立即著手推動的業務，就是工廠稼動率的改善措施。因爲他追查公司營業利益率長期低迷的原因後，發現工廠的稼動率偏低，便決定祭出多項對策。

最近，我在報紙上看到一則報導，說有一家銀行要廢除對業務員的業績基本門檻要求。另一家銀行雖然廢除業績的基本門檻要求，但把過去的銷售額目標改爲檢視「替客戶管理的資產餘額多寡」。這些改變看起來都是爲了因應過去銀行無視於客戶立場和權益的銷售心態，所引發的社會問題。

一旦設定了關鍵績效指標，並以它做爲考核項目後，員工就會爲了達成這些數字目標而採取行動。若用銷售額來當作業績基本門檻要求，可能就會有人濫用不當手法，例如要求客戶把原本已經賣出的訂單解約，再重新買賣，賺取業績。以長遠的眼光來看，諸如此類的不當手法，實在很難說是對公司的業績有貢獻。關鍵績效指標會大大地左右員工的工作行爲，因此企業是否具備慎選合適評量項目的態度，至關重要。

POINT

關鍵績效指標會大大地左右員工的工作行為，故企業宜慎選能引導員工朝理想方向前進的項目。

KEYWORD 拆解

從「市占率」和「獲利」切入，提高營收

❖拆解「市占率」

日本雀巢（Nestle Japan）公司推出的「雀巢咖啡大使」活動，是在辦公室裡放置雀巢咖啡機，讓上班族可以在選購膠囊後放進機器，馬上就能品嚐一杯自己喜歡的咖啡。在這一套機制中，日本雀巢公司平時不會直接介入管理，而是由所謂的「大使」自費購買膠囊，再把飲料賣給同事。

這與銷售辦公室影印機的商業模式一樣，機器本身的價格設定偏低，賣消耗品才是主力。**仰賴需要持續購買的咖啡膠囊來獲利，比起只賣斷咖啡機這種獲利一次了結的買賣，利潤空間更大**。

雀巢這個即溶咖啡品牌，在家用咖啡市場的市占率獨占鰲頭，遙遙領先競爭對手，但是在辦公室咖啡市場中，卻是幾無一席之地。據說他們確信：既然消費

者願意在家品嚐，表示口味上沒有問題，品牌形象也已經深植人心，只要把咖啡送進辦公室，一定能爭取到市占率，而他們找到的答案就是雀巢咖啡大使。

換言之，拆解市占率的數字，看看消費者都在哪裡飲用咖啡，或是自家商品在哪個通路最暢銷，也有機會從中找到新商機。

❖聚焦「獲利率」

麥當勞經常會在不同季節，推出爲期近一個月的特別菜單，例如「焗烤可樂餅漢堡」（譯注：冬季限定商品）、「照燒蛋堡」（譯注：春季限定商品）等。原本就有整年銷售的常態菜單，再加上這些期間限定餐點的銷售額，就成了麥當勞的營收。

那麼，究竟要以哪一份菜單爲主力，才能更有效率地賺取利潤呢？就財務的觀點而言，思考這個問題非常重要。畢竟光是拉抬營收，最後卻沒帶來更多利潤的話，就失去推出特別菜單的意義了。換句話說，懂得聚焦「獲利率」，是很重要的關鍵。

足立光曾於日本麥當勞、寶僑（P&G）、漢高（Henkel）負責行銷工作，並於二〇一八年十一月出版《我在麥當勞、寶僑、漢高學到的「猛藥」工作術，帶來驚人的成果》（鑽石出版，中文書名暫譯），他指出，這種限定餐點對營收的貢獻約占整體的三成，常態菜單貢獻七成，而活動及廣告的預算卻都花在僅占營收三成的限定餐點上。

最近這三、四年來，足立光堪稱是協助日本麥當勞起死回生的一大功臣，創造許多轟動的事蹟。他認爲，即使在限定餐點投入再多公司資源，也只占三成營收，成長空間有限，倒不如將資源挹注在貢獻營收占比高達七成的常態菜單上。**根據足立光的說法，在持續常態銷售的常態菜單投入公司資源，才不會讓行銷效果跟著一檔活動結束。**

這樣的論述，從財務觀點來看也很合理。就算這兩種餐點的營收都能成長五〇%，從公司整體的觀點來思考，拉抬營收占比較高的菜單，對營收的貢獻更有效率。

期間限定的餐點，因爲有些原料只在銷售期間進貨，下單量有限，所以價格偏高，難以提升獲利率。尤其是那些只在日本推出的期間限定餐點，更是無法搭上全球共同採購的機制。因此，限時、限區銷售的商品，無法享受到數量折扣的效益。

在這些原因的交互作用下，期間限定餐點的獲利率往往偏低。所以，就財務觀點而言，不論從營收或獲利面來考量，在常態菜單上投注心力與資源，才是正確的選擇。

期間限定餐點的定位，充其量只是用來做廣告宣傳，是為了「營造節慶氣氛的品項」，以藉此爲顧客創造一個「上門消費的目的」。如今麥當勞的廣告宣傳預算依舊可觀，但爲期間限定餐點投放的電視廣告，似乎已不如以往那麼多。

現在，麥當勞把「推出期間限定餐點」這件事本身定位爲廣告宣傳，電視廣告則以常態菜單和品牌爲訴求。換言之，就是把最花錢的大眾傳播媒體廣告，多分配一些給主力菜單。只要從占比和獲利的觀點來拆解營收，就能找到提升營收的靈感。

POINT

要檢視「營收占比」和「獲利率」。

KEYWORD 拆解

「拆解」也有副作用

❖容易流於只有局部適用

在公司裡還有一個常見的「拆解」案例：各部門的損益表，也就是將全公司的損益表，拆成以部門爲單位的表單。

各部門的損益表，就和關鍵績效指標一樣，能讓各部門把爭取獲利當成自己分內的事，還可以促進員工主動思考一些有助於改善獲利的行動。實際上，不論是關鍵績效指標或各部門損益表，都被很多公司用來當作提升業績的工具。

不過，這些工具還是有它們的弊病。誠如前面介紹麥當勞案例時所說，來客數和客單價是呈現互相排擠的關係。一旦把這兩個元素分配給兩個不同部門當目標，到時候他們就會互扯後腿，反而得不到公司預期的結果。

再舉一個例子。在各部門的損益表中，要清楚地呈現每一筆費用是在哪個部門發生，並反映在該部門的損益上。這樣做有一個風險，就是有些人會反過來利用這一點，讓損益表呈現的數字背離事實。

在以往任職過的公司裡，我就曾親眼看到、親耳聽到某位部門主管，針對一項會發生費用的專案，說了這一番話：

「如果費用有其他部門願意幫我扛，我就做。」這位主管認爲，就公司的立場而言，這是一項該推動的專案，但他不願意讓自己的部門承擔那筆費用。

我曾提過，拆解的效益之一，在於員工會把目標當作分內的事。可是，當「分內之事」意識走火入魔時，就會流於只有局部適用。在各部門的損益表和關鍵績效指標上，便會發生這種共同的副作用。

各位要運用這些指標時，必須特別留意它們的副作用是否正在發酵。

POINT

要特別留意各部門因損益表和關鍵績效指標而產生的「分內之事」意識，是否走火入魔。

STEP

5

實踐！在工作上運用財務思維

實踐！

評估一套高性價比的英語學習法

日本電產公司（Nidec）在推動工作型態改革的過程中，永守重信執行長提出了這樣的疑問。

「爲什麼我們公司會有這麼多人留下來加班？國外的工時都很短啊！太奇怪了吧！」

於是日本電產開始拆解「加班時數偏高」這個事實，最後追查出來的原因大致可分爲兩類。

第一類是管理機制未正常運作。主要是因爲管理職的溝通有問題，無法妥善向部屬發號施令，導致業務的處理效率日漸低落。

還有一類是英文能力的問題。據了解，日本電產有七成業務都與國外往來，但員工英文程度差，工作起來備感吃力，溝通起來很花時間。於是有人指出，日本電產全體員工都應該加強英文能力。

「英文程度差，導致加班時數增加。」這樣的說法，我很能認同。

在外商公司任職的人當中，工作效率不彰的有兩種人，一種是整體工作能力不足，另一種則是英文能力不足。如果連最低限度的英文能力都沒有，那麼原本五分鐘就能寫好的一封電子郵件，隨便想想就會花掉一個小時。就這一層涵義上而言，在跨國企業當中，英文是推動事業發展的基礎。

有個上班族任職的公司發展了一些海外事業。他現在負責一項業務，三個月後必須向新加坡的客戶做簡報，還要回答對方的提問。同一時期，公司的經營高層準備換成外國人。儘管公司內部的官方語言不至於改爲英文，但公司還是希望大家設法學會。

於是這位上班族決定馬上開始學英文。可是學習方法五花八門，他不知道該選哪一種才好。因此，他決定從財務的角度來思考，要選出一個高性價比的學習方法。

步驟1 揪出成本

同樣是英語會話課，實體和線上課程的月費天差地遠。

線上英語會話課的使用期約三個月到半年，以每次上課二十五分鐘，每期十堂課，學費六千日圓左右爲主流。每次不一定只能買十堂，購買堂數愈多，每一堂課的平均單價就愈便宜。

而實體的個人課程則是一堂四十分鐘約七千日圓。每一堂課的上課時間是線上課程的一．五倍，卻要付出十倍以上的學費，是否眞有這樣的價値？實體英語課程的優秀老師比較多，這的確是事實。然而，這件事最重要的關鍵是「學了英文想拿來做什麼」。

以這個例子來說，既然有「三個月後要在新加坡用英文做簡報」的需求，那麼能根據簡報相關資料來指導英文的，應該是效果最立竿見影的老師。

線上課程就可以做到這一點。而實體英語課必須先提交課程大綱給補習班，所以恐怕很難打造量身訂做的課程內容。

另外，**交通費和上課往返的時間也不容忽視，必須犧牲工作或休息的時間。既然花在其他事務上的時間減少，就表示機會成本會大幅增加**。我們必須意識到的成本，是學費、交通費，以及這些機會成本加總起來的數字。

再者，學英文是否眞的有用，這一點也令人質疑。其實我們的英語發音不必那麼優美流暢，亞洲人也能聽得懂。與其拚命學英文，不如多學習該國文化，說不定對成交更有幫助。

我們先放下這個例子。如果是社會新鮮人想讓未來職涯更有發展，那麼先決條件或許不是學英文，而是要先增加自己對眼前工作的知識與經驗。這些因素也應該納入考慮。

步驟2 掌握時間差

上實體的英語會話課，初期投資成本平均約為三十萬日圓，金額相當可觀。就財務的觀點來看，這是相當危險的投資。實體課程的收費機制是，一旦繳費之後，不管是認真出席，還是完全不去上課，只要期滿就算時間結束，初期投資成本概不退還。它和前面說明過的工產建置費等項目一樣，是超級固定費。

初期投資成本會有化為沉沒成本的風險。在前景不明的情況下，說不定工作會突然變多，忙得沒空去上課；上班族也可能被調職，萬一去了鄉下，如果有同一家補習班的分校，那倒還好，但也可能沒有；要是自己決定換工作，說不定新工作根本用不到英文。

像這樣冷靜下來想想，就會發現：需要一次就付出高額學費來購買的英語會話課程，其實是風險很高的商品。可是，簽約買課程時，我們內心充滿豪情壯志，根本沒辦法正確評估它的風險，只著眼於它的效果是否立竿見影，以及它是否符合目的需求，於是毫不猶豫地一次付清了學費。

在前景不明的情況下，即使單堂課程的費用較高，還是應該選擇逐月付款，將學費化爲變動費，避免一次付清大筆費用。如此一來，就能將「不想再上課」時的風險降到最低。

步驟3 比較

儘管財務思維相當重視量化資訊，但也不能在完全忽視質化資訊的情況下做出結論。

如果課程內容對自己沒有幫助，那麼價格再便宜也是枉然。爲了要能在三個月後到新加坡用英文做簡報，最合適的學習方法究竟是實體還是線上課程？這才是我們最優先的考量。當內容品質在伯仲之間時，價格才會成爲我們的判斷標準。

當年我想轉換跑道，到迪士尼應徵工作時，我成了線上英語課程的會員，選了有會計經驗的老師，並提出這樣的請求：

「我想練習面試，請您先讀過我的履歷，再把自己當作主考官，向我提問。」

我找了大約二十位老師，都請他們做同樣的事，就能全面地掌握各種五花八門的提問，讓我信心大增。課程能否做到這樣的客製化，也是很重要的判斷因素之一。

先全面地提出各種可能的方案，再設定判斷標準來衡量它們的優劣，是很重要的過程。以學習英文為例，想必「速效性」會是一個很重要的判斷標準。哪個方法才能讓你在三個月後順利前往新加坡進行英文簡報？這個判斷應該會成為重要關鍵。

在選擇英語課程時，很多人往往會犯的一個錯誤，就是「親朋好友都在這裡上課，所以一定沒問題」的觀念。多數人會以「我朋友A在那裡上課」爲判斷標準，決定自己也要找同一家補習班。況且很多補習班都會有熟人介紹折扣，就成本而言也很吸引人。

可是，我們不能因爲「親朋好友都在這裡上課」，就把它當作判斷標準，它充其量只是其中一個選項罷了。

A上了這一家補習班的英語會話課程之後，說不定只學會了一點旅遊英語，程度只夠應付他去美國玩。這樣的成效是否符合我們的學習目的，那又是另一個問題了。不過，如果這一家補習班有商用英語班，那麼從「全面地列出各種選項」的觀點來看，將它列入選項也是合理的。

如前所述，財務思維的決策流程，是「訂定判斷標準，全面地列出各種選項，最後再做比較」。

判斷標準的設定，將大大地影響決策的成敗。因此，我們必須充分思考，找出只屬於自己的、適合自己的一套判斷標準。

步驟 1

成本

- 平均單堂學費
  實體課程7000日圓＞線上課程600日圓
- 交通費、往返時間也要列為成本。
- 用來工作或休息的時間減少（上英語會話課的機會成本）。

步驟 2

時間

- 多數實體課程需在初期繳交平均約30萬日圓的費用（初期投資成本）。
- 可能因為工作繁忙等因素而無法持續出席的風險（可能化為沉沒成本）。
- 線上課程可將費用化為變動費。

步驟 3

比較

- 能達到「學好英文」的目的。
- 判斷標準以「對目的的速效性」（能否量身打造課程內容等）為首要，其次是價格（成本）。
- 別以「親朋好友都在這裡上課」為判斷標準，但該業者應列為一個選項。

實踐！從財務角度思考業務推廣型態的變化

早期的業務員，活在「跑得勤才賺得多」的時代。拜訪客戶時也是在做所謂「察言觀色」的工作，了解對方的近況，並從對話中找出商機。這些行為在以往的確備受推崇。

然而，如今這些舉動已成了過時的象徵——不知道人家對產品有沒有興趣，就花大把時間和交通費去見面拜訪，這種不先遞產品目錄、找出對方的需求，就沒辦法談生意的作法，簡直是沒效率到了極點。

現在各家企業都有網站，其中有各式各樣的商品資訊和公司簡介，我們不必特地登門介紹，對方也有辦法知道我方是什麼樣的企業。我們甚至可以這樣說：對我方公司或產品有興趣的企業，就應該知道我們的基本資料。

反之，如果我們不主動出擊，對方就對我們一無所知的話，表示對方對我們沒興趣。這種客戶再怎麼拜訪、推廣，成交的機率恐怕是微乎其微，說穿了就是在浪費時間。當今的社會，已經是向「對我們有興趣的公司」提案的時代。

步驟1 揪出成本

過去的業務推廣，可說是不計人事成本的作法。大家以爲跑業務花的成本多半是交通費，可是，從財務觀點來看，還有一項更可觀的成本，那就是跑業務所需的人事費。

「拜訪一家客戶」意味著業務員要在有限的工時當中，放棄拜訪其他客戶的機會，也就是會產生機會成本。

既然人事費是業務推廣上最沉重的成本支出，那麼就要以最有機會成交的客戶爲優先。今後，這種心態的重要性將與日俱增。

步驟2 掌握時間差

書面的目錄和傳單是業務推廣上常用的工具。這些文件的印製，其實就是一種初期投資成本。

不過，帶著iPad或筆記型電腦等行動裝置，讓客戶看著螢幕聽說明的業務推廣型態，近來也有逐漸增加的趨勢。

隨身攜帶行動裝置，就能依照客戶的需求或對話內容，調整螢幕上呈現的資料，有助於提升業務推廣的效率。**只用書面型錄介紹商品，萬一客戶有興趣深入了解，我們說不定就會錯失進一步說明的良機，無緣讓客戶下單訂購想要的商品。此時，原本賣掉這些商品可賺得的利潤，就是機會成本。**

況且使用電子檔，要修改或更新資訊時也比較簡便。我常看到有些企業會用貼紙修改型錄上的部分內容，畢竟印刷品一旦印製完成，就不容易再修改。可是，貼貼紙的人工也是一筆人事費。還有，這些廣告製作物需在公司保留一些庫存，還要有人隨時掌握數量，如有不足就需要再下單加印，這些管理工作也都會產生人事費。

相對的，電子檔就不會有缺貨、用完的問題，可省去這些管理上的麻煩。

就像這樣，**從機會成本和庫存管理成本的觀點來看，近來興起的業務推廣型態，可說是相當合理的作法。**

步驟 3 — 比較

究竟哪一種業務推廣型態比較有效，當然要實際試過才會知道。企業有時就會實際運用兩種不同的推廣手法，比較它們的成果績效，再判斷選用何者。這樣比較之下，就能確認不同方法實際對營收會帶來多少影響。

在網路行銷的世界裡，則會使用所謂的「A／B測試」，也就是讓網站訪客隨機看到A或B網頁，檢驗何者較能帶來營收貢獻。假如測試結果是B對營收較有貢獻，後續就會讓B方案的網頁正式上線。

步驟4 拆解

有一道可以用來提升營收的方程式，那就是「拜訪量×成交率（接單率）」。不過，我並沒有打算建議各位增加拜訪量。

很多企業都把這一套拆解方法拿來當作業務部門的關鍵績效指標，因此大家很容易誤以為只要增加拜訪次數即可。然而，光是增加拜訪次數，效果其實非常有限，反而徒增各種跑業務的「麻煩事」，到頭來還會導致加班等人事費增加，原本可以把時間和費用投注在其他地方的機會成本也會上升，業務員奔波移動的交通費更是不斷膨脹。

我曾聽過主跑醫院拜訪醫師的業務員說過：如果是中小型醫療院所的客戶，可選擇在早上八點打電話談生意，效果較佳。白天打電話到診所，接電話的都是總機或護理師，不會幫忙轉接給醫師。不過，如果是早上八點時段，這些員工都還沒上班，電話多半會由住家就在診所隔壁的院長親自接聽，此時業務員就可以直接洽談、推廣。據這位業務員表示，因為直接和院長洽談，決策迅速、確實，所以成交率也高。

換句話說，這一套提升業績的作法，著重的不是拜訪量，而是接單率。

早期的業務員，業績都是靠雙腳跑出來的。然而，**現代上班族愈來愈忙碌，既然運用數位工具更容易找到潛在客戶，那麼將傳統的業務推廣手法轉換為重視效率的型態，已經是時勢所趨。**

不過，要開拓新客戶，才能讓事業愈做愈大。舉例來說，只要參加商展，就能一次找到多位對自家產品有興趣的客戶，還可以面對面洽談。參展固然需要花錢，但所謂的「潛在客戶」，都是成交機率較高的顧客，況且又能省下奔波拜訪之類的「間接時間」，從「密集而有效率地安排洽談」這一層涵義上來說，是成效顯著的業務推廣手法。

據說近來的展會活動，不再以招攬大量人潮到場為目的，改為著重成交率表現。如此一來，展會參觀人數反而要控制流量。目前業界也的確開始出現了一些標舉這種關鍵績效指標的企業。

日本三澤房屋公司（MISAWA HOMES）的業務員，會舉辦空屋諮詢講座，以期能拿到改建房屋的訂單。然而，這種作法帶來的成交個案實在不多，讓他們傷透了腦筋。例如，在大東京地區所舉辦的講座，都會有一、兩百組報名參加，但講座結束後的個別諮詢，總是門可羅雀，有時甚至只有個位數的人參加。

要避免這樣的情況發生，就必須找那些對房屋改建有興趣的人到場參加，或是去挖掘出真正有意改建的參加者，以提升講座活動的效益。

據說後來三澤房屋分析了空屋屋主的需求，重新篩選講座的主題，對改建有興趣的顧客因而增加。最近參加個別諮詢的屋主，更從十組成長到二十組。

由此可知，財務思維是一套利器，能清楚地呈現出「既往的元素拆解方式已經不適用」的現實，並帶領我們摸索出更有效益的方法。

步驟 1

成本

- 計算業務員的人事費時，應加入他們的交通費。
- 若以成交機率低的客戶為優先，恐怕會丟掉成交機率高的客戶原本會下的訂單（機會成本）。

步驟 2

時間

- 紙本型錄是初期投資成本。
- 紙本型錄的修訂、更新和保管等手續，是造成人事費膨脹的因素之一。
- 若可用 ipad 等工具取代紙本型錄，就能透過臨機應變的銷售話術，避免掉單（防止機會成本發生）。

步驟 3

比較

- 檢視不同業務推廣方式實際測試過後的結果（例：A／B測試）。

步驟 4

拆解

- 將營收拆解成「營收＝拜訪量 × 成交率（接單率）」
- 提高拜訪量不見得是最有效的方法。（例如：加班費等人事費、無法處理其他工作的機會成本、奔波往來導致交通費上升。）
- 聚焦成交率，找出最有機會成交的業務推廣模式，並力行實踐。

實踐！

評估是否導入「郵件袋」

日本的郵局有一種名叫「郵件袋」（letter pack，譯注：類似台灣郵局的便利袋）的服務。「郵件袋」專用信封可裝A4大小、重量四公斤以內的物品，購買信封的費用，就等於是郵資。

直接送到收件人手上的「郵件袋plus」，每份五百二十日圓；投入收件人信箱的「郵件袋light」，每份三百七十日圓（二〇一九年一、二月時的價格）。兩者都可以追蹤投遞狀況，安全、確實也是它的優點之一。

帳面上來看，它的寄送費用比一般的郵資貴上好幾倍，然而，近來卻有愈來愈多企業改用這項服務來寄件。

企業選用這項服務的原因或許不盡相同，但最主要的原因，是郵件袋不管形狀如何、重量多寡，各種物品都能寄送，員工可以省去逐一稱重量、貼郵票的麻煩。不過，企業大膽選用郵件袋的原因，應該是從多方面來審視。站在財務的觀點，我們該循什麼樣的流程來思考，才能找到更有說服力的說帖呢？

當然也有些企業會這樣想：

「全面廢除郵寄，改用電子郵件，這樣就連寄送業務都省了。」

可是實際上，日本企業目前還沒有任何一家能做得這麼徹底。

在這個案例當中，我們就以「繼續寄送郵件、宅配，不影響收件人的方便性」為前提，一起來想想降低寄送總成本的方法吧！

步驟1 揪出成本

企業的行政部門，包括了人事、會計等各種不同的單位。其中總務部負責的業務特別棘手，而在這些業務當中，郵寄的手續最麻煩。

有些大企業會運用「郵資月結」的制度，就是先不在郵件上貼郵票，等下個月再由公司一次結清整個月的郵資。不過，目前絕大部分的企業，都是在公司先貼好郵票，再到郵局交寄，導致總務部同仁每天要處理龐大的工作量，負擔相當沉重。

每當有員工送郵件到總務部時，總務部同仁要先量測它的尺寸和重量。若是符合郵局指定尺寸的「定形郵件」，則只要貼上適當金額的郵票，做好寄件的準備即可。不過，還有很多郵件是不符合郵局指定尺寸的「定形外郵件」。針對限時和掛號等特殊郵件，則要查清郵資多寡，想好如何湊足適當金額的郵票，再把郵票剪下來，貼到信封上。

若只有一封特殊郵件，這些手續只要處理一次；若有十封，這些作業程序就要重複十次。況且不管當天要寄的郵件是一封、十封還是一百封，總務部同仁每天都要出去把信投入郵筒，或送到郵局交寄。

「查郵資」要重複做很多枝微末節的作業，還要視金額多寡，搭配出各種組合的郵票。爲了因應這些不同郵資的郵件，公司必須常備各種不同金額的郵票。當郵票庫存見底，就得盡快補足，偏偏東京市中心的郵局總是人山人海，人多時等半個小時到一個小時，都是家常便飯。

郵件愈多，尤其是定形外郵件愈多時，處理程序就愈麻煩，總務部同仁的處理時間也會隨之拉長。也就是說，公司要爲最頑強的固定費——人事費，付出更多開銷。

然而，帳面上卻只會看到購買「郵票」和「信封」的費用。**站在財務的觀點**

來看，企業要懂得明確地意識到總務部同仁的這筆人事費是「機會成本」，才是關鍵。畢竟當總務部同仁把時間花在枝微末節又不具生產性的作業之際，從另一個角度來說，就是犧牲了處理其他工作的時間。

如果不必查郵資，對自家公司瞭若指掌的總務部同仁，可以做很多非他不可的工作。過去日本企業總是認爲「加班處理一下就好」、「員工就是工時無上限，上班上到飽」，但社會已今非昔比。上班族面對工作時，必須在有限的工時中，優先處理最有價值的業務。

再從企業的開銷金額來看，也會發現總務部同仁的時薪相當可觀。如前所述，企業的平均人事費成本是每十分鐘六百日圓。量郵件尺寸和重量，再查明郵資，然後拿出需要的郵票貼上。假設這一連串工作要花三分鐘，那麼機會成本就是約兩百日圓。

原本變動計費的郵資，只要改選專用信封，不管郵件重量多少都能寄送。用郵件袋寄送的物品愈重、愈大，就能省下機會成本，還能撙節寄送成本。

只要物品能放進郵件袋的專用信封並封好，就可以直接交寄，不必逐一查詢郵資。即使各部門的業務再忙，都不太可能會因爲郵資不足而讓收件人付費；而總務部同仁在收到這些郵件袋之後，要做的就只有去寄件，可大幅縮減業務量。

光看帳面上的成本，或許你覺得貼郵票寄送比較便宜。但如果從財務的角度來思考，再加入機會成本的概念，就會發現有時用郵件袋更划算，這個觀點也應納入考量。

不敢全面改用郵件袋的企業，想必是因爲覺得它「太貴」，才會猶豫不決吧？帳面上的郵電費恐怕的確會增加，甚至有可能飆升兩倍之多。

可是，只要總務部同仁能從這項作業中解脫，每天的加班費就會下降，或是改處理更具生產性的業務，創造附加價值。光是比較帳面上的郵資多寡，永遠做不出準確的判斷。

步驟 2　掌握時間差

改用郵件袋，公司再也不需要常備大量的郵票，這件事與「時間」觀點有很大的關係。

很多公司都備有大量的郵票。如果要用傳統方式寄送郵件，的確需要準備各種不同面額的郵票。就像製造業的特殊零件一樣，雖然使用頻率不如主要零件，但沒庫存時就是會出問題，所以無論如何都必須常備。

況且忙得分秒必爭的上班族，最重視時間的使用效率。專程跑到隨時都人山人海的郵局去買郵票這種事，當然是能免則免。倘若郵票放著會腐壞或貶值，那還另當別論，既然不會，上班族便會覺得多買一點擺著也無妨。

可是，存放郵票用的保險箱很占位子，而容易變現的郵票會有遭竊取或盜用的風險。

更重要的是，**常備郵票而不盡快使用，等於是讓大筆現金「沉睡」。用這些資金去投資，說不定能多少賺點利潤，但化成郵票之後，就失去獲利的機會**。

前面也曾提過，就財務觀點而言，庫存會造成資金的流動性變差，宜盡量避免。企業改用郵件袋，就不必再常備各種不同面額的郵票，堪稱是一大優點。

步驟3 比較

在這個例子當中，選擇正確的比較對象，也同樣重要。人難免都會想用同樣的項目來比較。於是在這個案例裡，我們往往會把郵票和郵件袋都侷限在「郵電費」的範圍裡來比較。然而，光是這樣比較，容易忽略在郵電費之外，其實還攸關人事費的機會成本。**在財務上，要把機會成本和庫存所造成的資金積壓也納入計算，進行整體的比較，才能做出精確的判斷**。

此外，在這個例子裡，**要做出精確的判斷，就要納入全公司的相關成本，而不是只看總務部**。尤其是規模愈大的企業，交寄郵件需要填寫的文件愈多。我甚至還聽過交寄部門要指派總務部門寄信時，需先填寫申請表，或是連寄個包裹都要找主管簽名的公司。

這些作法，對交寄單位和寄送單位而言，的確都造成了不必要的麻煩。這些成本也都要納入計算，並以全公司整體的規模來比較，才能做出正確的判斷。

步驟4 拆解

拆解業務流程，並逐一換算成金額或檢驗項目，也是一種財務觀點的評估手法。

假如各位正好在總務部負責郵件寄送工作，是否也會覺得這些零碎繁瑣的作業令人「做不下去」呢？如果換成是我，想必也會萌生同樣的感受。

「工作」這件事，就是會讓人不由自主地萌生這種負面情緒。此時，我們要懂得分析「為什麼我會覺得『做不下去』？」「讓我覺得『做不下去』的是哪個部分」。而這種願意拆解問題的態度，才是關鍵。

是因爲討厭每次去郵局都要等很久嗎？

還是討厭剪、貼郵票這些枝微末節的繁瑣作業呢？

又或是因爲稱重量、量尺寸很花時間呢？

若是如此，那麼這些念頭都可以成爲觸發我們「從財務角度思考」的起點，請千萬不要妄自菲薄。這些情緒也彰顯了郵件寄送業務划不來的事實。**會「划不來」的事，很多時候往往是因為大家對它的成本缺乏正確的認知。**

只要透過財務思維，學會對成本抱持正確的認知，那麼世上就一定能找到問題的解方。就這個案例而言，「郵件袋」就是問題的解方，郵件袋上市不到十年就能如此普及，或許可做為一個佐證。

思考如何拆解業務流程固然重要，但我們更該重視的是，懂得認清「哪件事最麻煩」、「什麼事最划不來」，並透過數字來掌握這幾個要點。

我們要先預估一個數量，看看由公司寄送出去的郵件中，有多少可以用郵件袋來取代，接著再算出成本會有多少改變，進而加以比較。這樣做完之後，至少就有機會讓這個方案放到檯面上來接受評估。

雖然這僅止於我的猜想，不過，郵局既然研擬出「郵件袋」這樣的服務，應該經過充分評估，確定只要加入那些隱形的機會成本等在內，它就會是一套有利可圖的商業模式。當然，這一套服務不見得對每一家企業都有幫助。

可是，從目前有這麼多家企業都在使用「郵件袋」來看，想必寄送郵件的確是對企業造成了很多無謂的麻煩，這一點只要從財務的觀點來思考，應該就能發現了。

步驟 1 成本

- 用郵件袋寄送定形外郵件時，若能考量到節省的是郵票、信封購買費和人事費，算起來其實很便宜。
- 妥善運用郵件袋，還能節省郵寄成本。
- 寄送定形外郵件的作業繁雜（稱重、量尺寸、查資費、貼郵票），還要花費龐大的人事費（機會成本）。

步驟 2 時間

- 常備多種郵票庫存，資金流動性變差，形成初期投資成本。
- 郵票容易變現，為了避免遭竊取或盜用，需投資保險箱等設備。

步驟 3 比較

- 不能光是比較郵電費，還要加入機會成本和資金積壓等因素，毫無遺漏地計算成本。
- 要觀察本案在各事業部門、乃至全公司所造成的麻煩。

步驟 4 拆解

- 聚焦「做不下去了啦……」的感受，找出在業務流程中特別麻煩的部分（人事費成本）。
- 預測可改用郵件袋的郵件數量。

實踐！

評估是否廢除業務車，改開共享汽車跑業務

以往企業的公務車或業務車，是以公司購車爲主流。到了一九六〇年代，有業者將長期租賃的概念引進日本之後，導入汽車租賃的企業才逐漸增加。而到了一九九一年，也就是泡沫經濟瓦解後，企業才加速轉型爲以租代買，因爲這樣做除了可以降低初期投資成本之外，租賃費還可以認列爲費用，爲企業帶來節稅效益，讓企業用車的成本更低。結果，租賃車的簽約數量，從一九九一年的一百二十六萬輛，增加到了目前的三百七十三萬輛。

另一方面，企業的成本意識年年高漲，會隨時檢視租賃費用與車輛使用頻率是否合理。而租賃汽車除了要付租賃費用，還有保險、保養、驗車、修理等維護成本，以及停車費、油錢等。企業界期盼壓低這些維護成本的呼聲日盛，也推升了共享汽車（編注：可直接透過網站或行動應用程式預約訂車再取車的服務）近幾年的需求。

所以，我們要來思考的案例是「導入共享汽車」的新制度。從財務的觀點來看，導入共享汽車究竟能爲企業帶來什麼優勢呢？

步驟1 揪出成本

由企業自行購買業務車或公務車時，會發生的成本包括購車金、油錢、維修保養費、停車費，還有負責管理車輛的總務部同仁人事費。

簽訂長期租賃合約的車輛，租賃費並非一次付清，而是分三到五年付款。不過，其他的油錢、維修保養費和停車費等開銷，則與公司自行購車相同。雖然也有業者推出含維修保養費用的合約，也就是所謂的「含維修保養長租方案」，但爲求簡明易懂，我們還是先以純租車的租賃模式來思考。

在這個前提下，不論是公司購車或長期租賃，總務部同仁在公務車方面要辦理的業務，其實相去無幾，總務部的人事費開銷也差異不大。人事費是相當固定的開銷，在財務上會希望盡可能避免。

而能幫我們解決這個問題的，是共享汽車。總務部同仁從此就能從車輛管理、停車位管理等相關業務中解脫，只要在員工使用共享汽車之際，確實掌握租金開銷多寡即可。

不過，單純就長期租賃和共享汽車的租金來比較，共享汽車的單價往往偏高。然而，已經有調查報告指出，若每個月只開幾十個小時，那麼共享汽車會比長租租賃的開銷更低。況且如果公司辦公處所位在市中心，長租的車還是要花大錢找停車位，因此就整體而言，共享汽車還是比較划算。

步驟2 掌握時間差

若公務車和業務車由公司購買，那麼即使公司縮減員工或業務員的人數，車輛也不會立刻隨之減少。一旦買車，就要花一番工夫才能把車賣掉，而且恐怕很難賣到理想的價錢。

此外，長租與臨時租的合約不同，租賃的車輛實質上就是專爲簽約客戶所準備，不可能再轉供他人使用。客戶若要解約，就必須付清剩餘的租賃費。就這一層涵義上而言，租賃和公司購車的概念其實差不多，解約的結果就是要持續爲用不著的車付出成本。

換言之，**長期租賃的初期投資成本或固定費，會成為長期固定的開銷，無法**

隨狀況變化而調整。我再三強調，在財務上，我們會希望盡量避免初期投資成本或固定費的發生，用意就是要更機動地因應未來的變化，盡可能將損失降到最低。

就這個觀點而言，當我們不需要用車時，共享汽車可以隨時歸還，等於是將固定費化為變動費，方便企業靈活因應未來的不確定性，是它的一大優勢。

─步驟3─ 比較

我們也要從全面性的觀點來檢視人事費。

即使企業想透過長期租賃的方式來用車，租賃期間的續約、停車位管理等業務，還是需要總務部同仁出面應對；要是公司購買的車，管理業務更是龐雜。不論選擇何種方案，總務部都要處理檢修、驗車、故障檢查與排除、車禍應對等，麻煩事一樣都少不了。如果是大企業，說不定還需要安排一位員工專職管理這些業務。

然而，中小企業就沒有餘力請專人來負責了。畢竟工作量不到專職處理的程度，就不能請個專業人才來處理。於是公司規模愈小，愈是必須請員工順便兼管公務車。

爲了消除這些瑣碎的業務，企業更應該改用共享汽車，讓車輛相關的業務全都委外辦理，才是最健全的作法。如此一來，企業就能用便宜的成本，享受專業的服務。

不過，共享汽車有一個問題，那就是行駛距離愈長，租金價格就會愈高。於是我們再拿出「租車」這個方案，來與共享汽車做比較。

如前所述，預先全面地提出各種想得到的方案，是財務思維中很重要的一環。因此，儘管商務上很少使用短期的租車服務，我們還是一起來想想它不受青睞的原因。

如果使用者是個人，「共享汽車」和「短期租車」之間的比較，尚且可以成立；可是當使用者是企業時，幾乎都不會把短期租車列入選項，因爲租車手續不僅繁雜，還需要透過「人」來辦理，效率欠佳。

若是出差到鄉下，在火車站外的租車公司租車跑行程，那還另當別論。日本租車公司的營業據點多半只設在車站附近，現場可以調度的車輛又有限，不見得隨時隨地想租就有，所以平常不適合用臨時租來的車跑業務。

況且臨時租的租借與歸還，都要配合租車公司的營業時間；爲了確保一定有車可用，甚至還需要提前幾天預約。在這樣的條件下，試想如果是商務用車，短期租車實在稱不上是隨心所欲、方便好用。

不過，近來使用共享汽車服務的公司直線攀升，很多人開始擔心想用車的時候會不會沒車可開。東京的千代田區、港區一帶，共享汽車更是以驚人之勢快速增加，街頭上也不時可以看見上班族上、下班利用共享汽車的身影。

儘管如此，我還沒聽過有人眞的因爲需求增加，導致車輛不足，造成用車困擾的案例。要是眞的陷入那種窘境，共享汽車公司恐怕很難再拿到企業客戶的合作訂單，所以當然會立刻增加車輛。各界普遍認爲，共享汽車的競爭優勢，應該還會再延續下去。

步驟4　拆解

這裡不是用全額成本來做比較，而是要拆解成「稼動率」和「使用時間」等元素來檢視，否則在篩選用車方案時，就可能發生誤判。

「都是什麼人在什麼時候用車？」

「一個月會用到多少？」

要先正確地掌握這些資訊，否則就無法證明共享汽車的優勢。如果每天經常性地都有人在用車，那麼自家公司購車或長期租賃，會比共享汽車更有優勢。

在地方城市更是如此，因爲電車等大衆交通工具不若東京市區那樣四通八達，路上比較不會塞車，也不必擔心沒有停車位的問題。

東京市中心會有如此完善的共享汽車制度，是因爲市區儘管已經處於可搭大衆交通工具到處移動的狀態，但三不五時總是會有非得開車不可的時候。此外，我還看過一則報導，說當颱風來襲等因素導致大衆交通工具停駛時，像醫生這種休不了假的人也會使用共享汽車，導致使用者人數在短期內激增。

就財務的立場而言，我並不是要推薦各位使用汽車共享服務，只不過是把它當作一個選項，提供相關資訊，讓各位能充分掌握正確判斷所需的重點。

有些企業適合使用共享汽車服務，也有些企業適合自行購車或長期租賃，以便獨家使用車輛。

如果主要活動範圍在大都會，用車頻率不高，或是多爲臨時用車的企業，我認爲共享汽車的效益較佳。除此之外的其他地區或案例，則不見得一定適用相同的方案。

先取得適當的資訊，例如公務車使用率的現況等，來當作判斷素材。而用來審度這些判斷素材的方法，正是財務思維。

步驟 1　成本

- 從總務部門的業務量，甚至是從人事費的觀點來看，公司自行購車和長期租賃，並沒有太大的差別。
- 共享汽車每一小時的租金單價偏高，但若每月用車時數在幾十小時以內的話，總金額還是比租車、買車便宜。

▼

步驟 2　時間

- 公司自行購車的初期投資成本沉重，長期租賃則會被合約束縛，無法解約，形成固定費。
- 共享汽車的開銷是變動費。

▼

步驟 3　比較

- 公司自行購車、長期租賃、共享汽車和短期租車，是目前可以想到的四個選項。
- 不過，短期租車由於據點少、借還時間受限等因素，商務使用的難度較高，故先排除。
- 無遺漏地列舉各方案在總務部門會產生哪些業務，精準地計算出人事費。
- 中小企業難以設置專人負責。

▼

步驟 4　拆解

- 需掌握稼動率和用車時間等資訊，才能做出判斷。
- 用車地點是地方城市還是都會區的市中心？用車地點也是重要的前提資訊。

實踐！

從財務角度來看，共享辦公室是否真的划算？

喜歡搬遷的企業，動不動就會更換辦公據點。也有些企業是業績一變差，就搬到租金便宜的辦公室；反之，業績一有起色，就搬到房租更貴的據點。

站在時間的觀點來看，這種作法的時間點不可能符合企業的需求。因爲當企業的業績惡化，決定搬遷時，實際搬遷的時間點會是半年甚至一年後。過程中業績可能會更差，導致公司破產，或是狀況突然露出曙光，業績開始反彈，於是公司便不再需要搬遷。可是，一旦通知搬遷後，房東就會開始找下一個房客，所以宣告搬遷的企業就非搬不可了。

爲了確保企業的機動性和柔軟性，近來出現了一套備受各界矚目方法，就是共享辦公室。從財務的觀點來看，共享辦公室究竟有哪些堪稱划算的優點呢？

步驟1 揪出成本

通常在簽約租借辦公室時，會發生的費用包括房租、押金或保證金。租來的辦公室會是一片空盪盪，所以還需要付出初期投資成本，包括裝潢和添購設備等。而短租辦公室則是租下已經可當辦公室使用的空間，約滿就直接歸還。這種方案等於是購買一個進駐的權利，概念和共享辦公室相同，而且所有設備和用品都已經到位，進駐當天就可以開始使用。

使用共享辦公室時，簽訂的並不是一般的不動產租賃契約，所以不需付出非常高額的押金或保證金——這筆費用通常相當於三個月的房租，許多共享辦公室都免收，企業可以因此而大幅撙節初期投資成本。

最能因爲「撙節初期投資成本」而受惠的，應該是以下這兩種企業。

一種是手頭現金捉襟見肘的公司。若循傳統方式租借辦公室，通常要付出大約相當於六個月房租的押金，況且還要購買辦公設備等，需要準備的資金相當可觀。如果手頭沒有現金，共享辦公室是最理想的選擇。

還有一種是才剛起步，前景還不明朗的公司。這種公司預期自己未來可能倒閉，也可望急遽成長，但不論朝哪一個方向發展，支出太多初期投資成本，到頭來很可能淪爲沉沒成本，所以要盡量避免。

共享辦公室的缺點，就是每個月平均的租金單價較高，因爲共享辦公室讓進駐企業的房租變成了變動費，降低初期投資成本，但業者針對這些少賺的利潤，當然會想從租金賺回來。不過，對前面提過的那兩種企業而言，還是願意租用共享辦公室，把偏高的房租當作變動費來支付。因爲這樣一來，就能避免高額的初期投資成本。

反之，手邊資產還算充裕，未來展望良好且收入穩定的公司，還是透過一般租賃方式來租借辦公室，會比較划算。因爲就算房租會變成固定費，但每個月的租金還是比較便宜，成本的總金額也比較低。

─步驟2─ 掌握時間差

如前所述，能避免初期投資成本的沉重負擔，是共享辦公室的一大優勢。畢竟初期投資成本是很龐大的固定費，宜盡量避免。這是財務上極具代表性的觀念，因此我們就朝這個方向來思考。

新事業如果發展成功，企業的規模可能快速壯大；可是萬一失敗，說不定就會立刻退出市場。爲了因應這兩種可能的變化，還是將房租轉爲變動費比較妥當。

就行政部門的立場而言，公司在尚未獲利的階段，就進駐房租昂貴的共享辦公室，似乎太過勉強。**不過，若以財務思維來判斷，最該避免的不是高成本，而是長期固定化的成本，因爲成本一旦固定，就無法機動性地退出、喊停了。企業希望可以隨時「認賠出場」，不願固定、確切。這種思維正符合財務的基本概念。**

懷抱傳統會計思維的人，往往會聚焦在前所未見的高額房租上，無法加入時間觀點來思考。因此，他們會向較低的月租金靠攏，選擇傳統租賃型態的機率也隨之大增。然而，一旦做了這個選擇，就算是搬遷，也必須至少在半年前先通知房東。不管再怎麼想馬上搬走，都得支付半年的房租。

共享辦公室通常比較方便在短時間內退租，這個特性也能避免費用固定化。

從通知到解約所需要的時間愈短，萬一遇有突發狀況時，企業的損失就愈少。就財務上而言，是比較理想的方案。

步驟3 比較

以共享工作空間的供應商wework爲例，它對客戶的好處，不僅是出於財務觀點的那些優勢，還可以發揮創新中心的功能，很受好評。齊聚在wework的使用者，會共同找尋有潛力的新商機，據說有些創業者就是被這項特色吸引，而慕名前往。

此外，wework還提供一項服務，就是wework的員工會爲使用者牽線媒合。企業在選擇時，也應留意這些差異化的因素。

共享辦公室還有一項重要的元素，那就是它的地點。對企業而言，總公司所在的地點，會直接影響外界對公司的評價。新創企業以往多位在澀谷或五反田，最近則是聚集在田町；至於金融機構的總公司則多半集中在大手町或丸之內。這些地點都散發著品牌力。在空間寬敞程度與設備相同的前提下，區位條件一流的共享辦公室，租金就是比其他同業高出一截。

除了成本，這些附加價值也是挑選辦公室時很重要的判斷標準。

附記　向主管提案時的要點

最近，大企業設置發展新事業的專責部門，與新創企業合作的案例日漸增加。假如各位就在這樣的公司，負責發展新事業的工作，有意在自家公司辦公室以外的地方租借一個辦公據點。要怎麼提案才能獲得主管的首肯呢？

在一般企業當中，若想爭取主管的首肯，要掌握以下三個重點：

①預算安排
②投資報酬率
③風險因應

所謂的預算安排，是指這項提案的內容，是否屬於當年度已編列的預算範圍。在預算範圍內或外，會讓整個決策的分量截然不同。若已經在預算範圍內，表示該案內容在審預算時就已獲得認同，主管比較願意點頭；若屬於預算範圍外，事情就不是這麼簡單了。通過這項提案，等於是公司需要付出原本預期之外的成本，因此很多公司都會認爲必須特別審慎評估。

所謂的投資報酬率，其實就是我在P.160談過的內部報酬率。只要能突破內部報酬率的門檻，就可判定提案內容具有高投資報酬率。

至於風險因應，指的是我在P.166談過的試算。即使是最差的情況，只要能掌握損失可能會到達什麼程度，主管也比較容易點頭。

就像這樣，公司評估提案是否通過時，「預算安排」占有舉足輕重的地位。因此，在編擬預算時，仔細檢視各項成本有無疏漏、金額上有無不足，是非常重要的過程。在提案通過之後，也要精確地掌握每項預算的內容與金額。

主管都很重視與業界平均值的比較，或與同業之間的比較。至於上市公司這樣的大企業，若要和同業相比，會有規模上的問題，因此「對預算比」或「對前期比」這種和自家公司的比較，便成了常用的工具。不過，除了部分規模龐大的企業之外，「與同業之間的比較」這個觀點，仍是企業界很常使用的工具。因此，我們需要掌握與自己業務切身相關的各項業界水準。

在這次的案例當中，我們只要掌握其他公司推動相同措施的例子即可。

若您本身就是主管，只要記住這些要點，即使是自己不那麼熟悉的領域，也可確認提案妥當與否；若您是負責寫簽呈提案的人，就應該要對這幾個要點瞭若指掌。

步驟 1

成本

- 短租辦公室或共享辦公室可在押金和設備等方面節省初期投資成本。
- 尤其對手頭資金較不寬裕的企業，或是前景不明的公司而言，是很方便的選擇。
- 不過，共享辦公室每月平均的租金偏高。

步驟 2

時間

- 共享辦公室可避免資金因為初期投資成本而固定化。
- 一般的辦公室租賃合約，因受到通知期限的規範，故通知搬遷後，還需繳付六個月的租金；共享辦公室從決定退租到實際搬遷之間的時間較短，可降低損失。

步驟 3

比較

- 選項有一般租賃、短租辦公室和共享辦公室。
- 介紹人脈（像wework的例子）和有助於提升公司品牌價值的地址等，都可以是判斷標準。

附記

讓提案過關

① 是否包括在預算範圍內？

② 是否有一定程度的投資報酬率（內部報酬率是否跨越門檻）？

③ 風險因應（試算最差的情況）。

實踐！

如何用財務思維分析藥廠在印度推動的免費贈藥活動？

在經濟與社會的永續發展方面，聯合國致力於推動「永續發展目標」（SDGs），針對貧窮、教育、氣候變遷等十七個項目設定了目標，並要求各國在二〇三〇年前達成。近年來，也不時可以看到上班族在衣領別上了由十七個顏色組成的彩色圓形胸章，代表的是「我參與推動SDGs」之意。

製藥大廠衛采（Eisai）自二〇一三年起，就在印度的工廠產製「淋巴絲蟲病」（lymphatic filariasis）的治療藥物，並在全球免費派發，甚至還負擔藥品運送到全球各地，以及辦理藥品講座，邀請病患到場參加的成本。

淋巴絲蟲病是寄生蟲以蚊子爲媒介進入人體，使人發病的一種病症。不少患者的腳會腫得像大象一樣，還會引起併發症，進而使人喪命。包括亞洲、非洲在內，據說全球約有五十四國、十億人曝露在感染風險之中，其中更有一億兩千萬人已經發病。

衛采宣布「從二〇一三年到二〇二〇年，要免費派發二十二億錠的藥劑」，並宣稱這不是社會貢獻，而是在做生意。

實際上，衛采的財務長在二〇一八年時表示，這項計畫「在管理會計上已轉虧為盈」。若從財務的觀點來思考，這筆生意是否眞的合理？

步驟1　揪出成本

要思考這項計畫在財務上是否合理，關鍵在於要懂得如何毫無遺漏地掌握成本的「範圍與變化」。

儘管財務長表示計畫已轉虧為盈，但既然衛采宣布要進行到二〇二〇年，表示目前應該還沒有營收進帳。在這種情況下，眞的有可能轉虧為盈嗎？這句話的重點，在於「管理會計上」這幾個字。

廣義來說，管理會計是與財務同義。換言之，從財務的觀點來看，這項計畫已有盈餘。而這個現象背後其實隱藏著「撙節成本」的效益。

效益之一就是因爲成功塑造良好的品牌形象，使得人才穩定留任。衛采宣布免費派發藥物之後，已經將「眞誠思考如何解決社會課題」的形象深植人心，使得有心想在這家傑出公司服務的求職者增加。招募時不必多花成本，優秀人才自然就會上門。而已經在職的員工也會想繼續留任，使得離職率大幅改善。於是，衛采不必再投入招募成本，整體人事費也得以撙節。

衛采財務長的發言，就是奠基在「把這些撙節下來的成本當作投資回收」的言論。

也就是說，這個計畫雖然沒有營收進帳，但若考慮人才穩定留任所節省的成本，這些省下來的金額已經超過了免費派發藥品所需的成本。這是會計觀點不會有的想法。

衛采在二〇一八年就宣布投資已經回本，比原訂計畫還提早了兩年，足見人事費對經營的影響是如何舉足輕重。我不確定印度有什麼樣的勞動法規，不過通常人事費具有鮮明的固定色彩，這項原則放諸四海皆準。從這個案例當中，我們也可以看出人事費的「分量」有多吃重。

會計和財務對虧損、盈餘的看法不盡相同，光是從會計的觀點來思考，很難

為企業推動的各項措施做出準確的評價。

步驟2 掌握時間差

愈來愈多像筆記應用程式Evernote之類的新興服務，在初期都可以免費使用。可是，當使用者想要進行稍微複雜的操作，或是要享受更方便的服務時，就需要轉成收費服務。

先讓使用者無壓力地使用，以建立品牌信任，等使用者運用到得心應手，離不開服務時，再開始收費。這樣的商業模式已經逐漸成為主流。

衛采的案例其實也是同樣的概念，都是透過免費派發來搶占市場。先讓民眾願意使用藥品，成為衛采的顧客。因爲藥品是用在人體上的產品，一旦開始服用之後，就不太會轉用他牌產品，所以民眾將會願意繼續使用自家產品，堪稱是極大的優勢。

一般而言，企業會爲了「讓顧客願意選用自家產品，進而持續愛用」而投注許多成本、想方設法。藥廠比較不必費心讓顧客持續愛用，所以「願意選用」就成了一大關鍵。

就財務的觀點而言，衛采免費派發藥品期間的成本，投入時間歷時七年之久，但它在性質上等於是初期投資成本，因爲這筆成本的定位，可說是爲了在免費派發期過後創造營收的先期投資。從衛采宣布轉虧爲盈的這個案例，**可見衛采的經營態度上，懂得重視財務思維的精髓——縮短投資回收年限**。

醫藥業界有一項特色，那就是在研發上需要投入鉅額的成本，但生產所需的人事費和原料費等生產成本都很低。製藥的成本約莫是二十五％，其他業界則多爲四〇％。衛采這一項免費派發二十二億顆藥品的計畫，需要的成本的確比其他產業低。

換言之，因爲醫藥業界的費用結構具有這樣的特性，故可降低初期投資成本的金額。當企業像這個案例一樣，爲了開拓市場而無法避免初期投資成本的支出時，下一步可以思考的策略，就是試著撙節初期投資成本的金額。衛采這樣的策略，在財務上堪稱是相當合理。

我們必須體認到，這些免費派發藥品的生產成本，就相當於是人事費、招募成本，或是廣告宣傳費。衛采如果沒推動這項計畫，實際上要在印度銷售同款治療藥物時，就必須再投入廣告宣傳費或促銷推廣費，否則產品就很難賣得出去。

也就是說，與其直接花錢，衛采選擇用免費派發藥物的形式，來運用這筆資金，更能贏得社會大眾的高度肯定。這項計畫是經過比較之後的選擇，**衛采把「醫藥產業是一個講究社會公益的產業」這一點納入判斷標準，並且給予高度的重視，所以做出了這樣的決策**。

假設有一家產品充滿糖分的清涼飲料製造商，推動了與衛采相同的一套計畫。民眾或許暫時會開心，但缺乏震撼力。而且長此以往，各種缺點紛紛出籠之後，民眾的開心便會轉爲反對運動，甚至可能導致企業的社會成本增加。

歷時七年的免費派發計畫，我認爲是很前衛的想法。不過，在評估這樣的措施之際，**「全面地列舉出所有選項」是何等重要，我想已經不需再贅述。此外，懂得如何精確地設定判斷標準，也相當重要**。

步驟
1

成本

- 在「管理會計」（財務）上轉虧為盈。
- 人才穩定留任的效果，讓招募、任用等人事費相關的成本下降。

步驟
2

時間

- 「先讓民眾成為自家顧客，再搶攻市場」的策略（和Evernote等產品相同）。
- 免費派發期間的成本，性質上屬於「策略性」投入的初期投資成本。
- 藥廠的生產成本低，故可壓低初期投資成本的金額。

步驟
3

比較

- 生產成本取代了人事費和廣告宣傳費。
- 企業的社會評價也是一項判斷標準。

—後記—

「只要運用這一套思維，大家以後就不必這麼辛苦了」

我迄今仍清楚記得當年初識財務概念時，所感受到的那份震撼。那是距今逾十年前，我在日本麥當勞公司任職時的事。

每當結帳期將屆，便一律禁止全公司人員出差；結帳期間，會計為了找出錯誤而拚命核對請款單和傳票……我在多家企業裡，都看到大家為了趨近公司獲利的目標而傾盡全力奮鬥的身影，但事後回想起來，這樣的徒勞也令我深感焦慮。

財務思維為公司的事業發展提供了周詳的考慮，絕不是干擾。它的積極性和健全性，當年曾令我大感豁然開朗。

後來我會轉換跑道，進入迪士尼日本公司任職，也是因為我聽說它是財務觀念很先進的企業（當然還有部分原因是我個人喜歡迪士尼）。

儘管這樣的描述似乎不該出自會計師之手，但我認爲，財務其實就是「合法的擦脂抹粉」。

結帳後再調整財報數字，會有法律上的問題，但只要運用財務思維，就能得到自己想要的數字，既不勉強，更沒問題。

財務思維可以開創未來，我對它衷心喜愛。

本書是專爲一般上班族所寫，期望能幫助各位了解財務，進而爲工作、爲人生做出更理想的決策。

此外，我也深切期盼本書能爲默默支持事業部門的會計、經營企畫等部門，助一臂之力。

平時我總是爲一些處理數字的專家，例如會計部門的人員進行演講或諮詢，但我也聽到「事業部門的承辦人員很難理解這些」、「我們的業務都沒有人願意幫忙」等諸多心聲。

以往我在企業任職時，也曾有過多次這樣的經驗。不過，後來我也因爲跨越了這些難關，進而與事業部門的同仁同心協力，才得以在多項專案中創下亮眼的成績。

只要上班族多少對財務思維有些認知，工作的推展會更順暢，公司也能成就更大的目標，而個人更能在工作中享受到更多樂趣。

但願本書能替各位在企業裡扮演不同的角色，戮力向前邁進的每一個人，架起連接彼此的橋梁。

最後，我要向神吉出版（KANKI PUBLISHING INC.）的山下津雅子小姐，以及在寫作過程中提供我諸多協助的新田匡央先生。從與兩位的對話當中，我得到了相當多的刺激與學習，這本書才得以成形問世。

此外，我也要感謝我的先生，願意從內容想法的提供，到原稿核對等業務，每一樣都鼎力協助，還有總是能爲我創造歡愉時光的孩子們。謹在此由衷致上我的謝意。

梅澤 眞由美

打造財務腦·量化思考超入門：不靠經驗判斷，精實決策，開創未來

作　　者——梅澤眞由美
譯　　者——張嘉芬
特約編輯——洪禎璐

發 行 人——蘇拾平
總 編 輯——蘇拾平
編 輯 部——王曉瑩、曾志傑
行銷企劃——黃羿潔
業 務 部——王綬晨、邱紹溢、劉文雅

出　　版——本事出版
發　　行——大雁出版基地
新北市新店區北新路三段207-3號5樓
電話：(02) 8913-1005　傳眞：(02) 8913-1056
E-mail：andbooks@andbooks.com.tw
劃撥帳號——19983379　戶名：大雁文化事業股份有限公司
封面設計——COPY
內頁排版——陳瑜安工作室
印　　刷——上晴彩色印刷製版有限公司
2021年02月初版
2024年06月二版
定價　480元

ISBN 978-626-7465-01-1

國家圖書館出版品預行編目資料
打造財務腦·量化思考超入門：不靠經驗判斷，精實決策，開創未來
梅澤眞由美 / 著　張嘉芬 / 譯
譯自：シンプルで合理的な意思決定をするために「ファインナンス」から考える！超入門
---.二版.— 新北市；本事出版　：大雁文化發行，2024 年 06 月
面　；　公分. –
ISBN 978-626-7465-01-1（平裝）
1.CST:財務管理　2.CST:財務會計　3.CST:決策
494.7　　113004006